U0322910

羊山湿地植被与景观

申益春　任明迅　著

中国建材工业出版社

图书在版编目（CIP）数据

羊山湿地植被与景观 / 申益春，任明迅著 . -- 北京：
中国建材工业出版社，2021.2（2022.1 重印）
ISBN 978-7-5160-3127-8

Ⅰ．①羊… Ⅱ．①申… ②任… Ⅲ．①沼泽化地—
植被—研究—海口 Ⅳ．① Q948.526.61

中国版本图书馆 CIP 数据核字（2020）第 249595 号

内 容 简 介

本书介绍了有"湿地博物馆"美誉的海口羊山湿地的概况，叙述其植物多样性
与植物资源的构成，结合实地调研，分析总结了羊山地区阔叶林湿地植被、灌丛湿
地植被、草丛草甸湿地植被和浮叶－漂浮－沉水植物植被这四种植被类型的特点和
主要群系，并归纳总结了羊山湿地的典型植被景观及其配置模式与应用价值。

本书适合风景园林、植物学、生态学、湿地生物学、观赏园艺等相关专业领域
的研究人员和从业人员参考学习，也可作为风景园林规划设计的参考读物。

羊山湿地植被与景观
Yangshan Shidi Zhibei yu Jingguan
申益春 任明迅 著

出版发行 中国建材工业出版社
地 址：北京市海淀区三里河路 1 号
邮政编码：100044
经 销：全国各地新华书店
印 刷：北京天恒嘉业印刷有限公司
开 本：787mm×1092mm 1/16
印 张：12
字 数：200 千字
版 次：2021 年 2 月第 1 版
印 次：2022 年 1 月第 2 次
定 价：158.00 元

海南岛位于祖国大陆的最南端，北与广东省的雷州半岛隔琼州海峡相望，南面向浩瀚无垠的太平洋。海口作为中国最年轻的省——海南省的省会，位于海南岛的最北端。海南岛原与华夏大陆相连，大约在人类出现的第四纪，地壳断裂形成 15 ～ 30km 宽的琼州海峡，海南岛才与大陆分离。而在未分离前，这里爆发过火山喷发（最近一次距今约 1 万年前），如今的海口与雷州半岛都属于其喷发范围。所以海口火山单体虽小而未进入世界火山前 25000 之列，但与雷州半岛的火山作为一个整体 (雷琼火山)，在世界火山分布图中，仍占有一席之地。海口羊山位于海口市西南部，属当年火山喷发的主要区域之一。羊山早先的名称已无法考证，直到唐代，宰相韦执谊被贬来琼"摄政事"，他巡视羊山时发现，那里土地肥沃，资源丰富，可是村寨凋敝，百姓贫困，于是便向村民传播农耕知识，还教村民因地制宜，养殖山羊。据介绍，这里的山羊来自雷州半岛，唐代开始引种，千百年来山羊养殖量占全岛的一半以上。永兴、石山、遵潭、十字路一带所饲养的"瓮羊"是羊山的名特产。可以想象，从几只羊到几群羊，从满山遍野乱蹦乱跳的羊群到成为海南品牌，这一举措，对促进羊山农村经济发展的确起到了很大的推动作用。海南民间说的"一种姜，二饲羊"，就是总结这段经验，讲述这段历史，于是，这一带也被称为"羊山"[1-2]。

羊山地区是火山喷发后形成的火山熔岩地区 , 属地堑 - 裂谷型基性火山活动地质遗迹，也是我国为数不多的 1 万年前火山喷发活动的休眠火山群之一，面积约 1000 平方公里，人口近 30 万，占全市农村人口的 45%。其行政区域主要包括琼山区的府城、龙塘、旧州，龙华区的龙桥、龙泉、遵潭、城西、新坡，秀英区的石山、永兴、东山、长流、西秀，共 13 个镇、84 个村委会、4 个居委会、575 个自然村[1]，部分区域属于市区，部分区域属于市郊。羊山地区独特的火山熔岩地貌孕育了不少淡水泉，出露的淡水泉涓涓而流形成不少的湿地，但由于火山熔土层浅薄，羊山地区并不太适合农耕，因此村落稀疏，正因如此，那里还保留着相对原生态的湿地和森林景观，并形成了一个完整的生态圈。在这个生态圈内，湿地与森林共同构成一个循环，调节海口城市的雨旱季的水分资源，因此被誉为"海口之肺"和"海口之肾"。

从高空俯视羊山地区，那是一片绿色的海洋，绿波荡漾，让人神往，绿色海洋中，又见几个蓝色斑块点缀，犹如镶嵌的蓝色宝石，那是较大型的水库。用无人机低空航拍，发现绿色海洋中除大型水库外，还交织着许多宽窄不一、长短不等的带状、蜿蜒状水系，水系曲折萦绕，犹如仙女舞动的蓝色飘带，让人浮想联翩。绿色海洋中、蓝色宝石旁或蓝色飘带边又见大大小小的村落散布其中，为这宁静的原野平添了几许人间烟火的气息。而当我们真正脚踏实地进入羊山，你会发现这里又是植物、石头与人和谐共生的世界，石头基底上，植物以顽强的生命力生长于任何可能的地方，甚至石缝中、树干上；人与石头关系也是那样紧密：路是石头铺的，围墙是石头垒的，田埂是石头堆砌的，各种生产生活器具也是用石头打磨的，甚至一些房屋都是用石头砌的。当然，这些石头拥有一个共同的名字，那就是"火山岩"。火山岩除了给羊山地区烙上了特殊印记之外，岩缝里汩汩涌出的地下水与热带海洋性季风气候带来的较丰沛的雨水共同孕育了羊山地区多姿多彩的植物类群，而湿地又是植物物种最为丰富的区域之一。羊山地区还是海口传统民居保存最好的地方，这些宝贵的地方历史文化与湿地一起形成了弥足珍贵的自然与历史遗产。但 21 世纪以来随着经济的发展与人口的增长，海口市城区面积不断扩大，人类干扰的加剧与地下水补给的减少已对羊山湿地造成了一定程度的威胁与破坏，湿地植物尤其是濒危珍稀植物的生境面临破坏的情况不时出现，或许有些濒危珍稀物种还未向我们掀开其神秘的面纱就已离我们远去，这不仅是植物之殇，也是人类之痛。

所幸的是，近些年来省委省政府出台了一系列的湿地保护修复政策，如《海口市湿地保护与修复总体规划》（2017—2025），并已取得一定成效。海口市也有幸荣获全球首批"国际湿地城市"称号。相信在"绿水青山就是金山银山"的正确理念指导下，在无数爱好自然人士的推动下，羊山湿地的明天会更好！

申益春　任明迅

2020 年 10 月于海南大学

①

羊山湿地概况

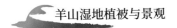
1.1 羊山湿地位置与地理特征

羊山湿地并不单指羊山地区的某一块湿地，而是此地区所有火山熔岩湿地的统称。"羊山"泛指海南海口南部火山熔岩地区（图1-1），东起海口市龙塘镇，西至海口市石山镇，北临海口市区，南至海口新坡镇，面积约370km²[2]。核心区域为北起椰海大道，南至观澜湖，东至南渡江，西至永庄水库，面积约60km²的长方形区域。此区域湿地密集，景色各异却又相互联系，湿地植被丰富，因此是研究的主要区域。

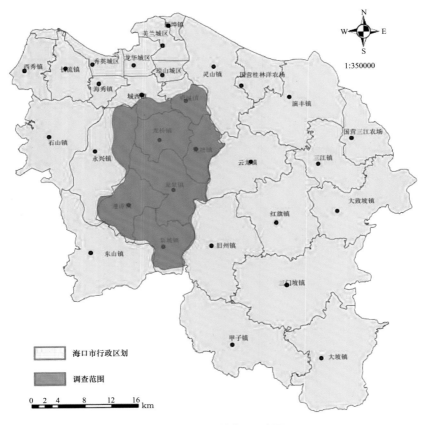

图1-1 羊山湿地范围示意图

羊山地区地处低纬度热带北缘，属热带海洋性季风气候，春季温暖少雨多旱，夏季高温多湿，秋季多台风暴雨，冬季冷气侵袭时有阵寒。羊山地区气候温和，平均气温为23.8℃，最低平均气温为18.8℃。最热为7月，平均气温为28.3℃，6月次之；

1 月最冷，平均气温为 17℃，2 月、12 月次之；夏季平均气温大于或等于 22℃，气温从 2 月起逐月上升，3—4 月急升，平均升幅在 3℃以上，气温从 7 月或 8 月起逐月下降，11—12 月急降，平均降幅为 2.8℃。年均日照数为 2225.2h，占可照时数的 50%。其中 7 月为年中日照最多的年份，为 258h，其次为 5 月，240h；最少为 3 月，113h。冬春少雨，夏秋多雨，雨量充沛。年平均降水量为 1639mm，雨日（日降雨量 0.1mm）150d。5—10 月为雨期，6 个月的降雨量占全年的 78.1%，9 月为降雨高峰期，平均雨量为 300.7mm，占全年的 17.8%；1 月 23.9mm，12 月至次年 2 月，平均月降雨量小于 50mm；11 月至次年 4 月为旱期，降雨量仅占全年的 21.9%。年平均蒸发量为 18338mm。5—7 月蒸发量最大，月蒸发量均在 200mm 以上；1、2 月蒸发量较少，月蒸发量均在 100mm 以下。冬季（10 月至次年 2 月）由于北方冷空气入侵频繁，劲吹偏北季风，风向以东北为主；夏季（4—8 月）受低纬度暖气流影响，盛行偏南季风，风向以东南为主 [1,3]。

羊山地区位于琼北新生代断陷盆地中，地形主要由火山喷出的玄武岩流纹岩构成的熔岩台地地貌和第四纪浅海沉积形成的海相平原组成，海拔高度从南到北逐渐降低，地势起伏和缓。羊山地区的火山岩属于基性玄武岩，包括红色质轻的渣状玄武岩和灰色致密的块状玄武岩，它们都或多或少带有气孔，这也是火成岩与沉积岩和变质岩的明显区别。地带性土壤为砖红壤，一般侵蚀强烈，而且由于大面积玄武岩裸露于地表，土层较浅，土壤通常养分含量低，有机质、全氮、全磷缺乏，全钾中下至丰富，碱解氮极缺，速效磷丰富，速效钾缺乏，pH 值大多在 5.2~6.6。所以虽然羊山湿地高温多湿的气候利于植物生长，植被覆盖率高，但土层较薄，生态环境更脆弱，在植被遭到人为破坏后，森林更新会更困难，较长时间维持在草灌阶段 [2]。

1.2 羊山湿地的主要类型

根据全国第二次湿地资源调查资料，羊山湿地有河流湿地、湖泊湿地、沼泽湿地和人工湿地 4 种湿地类，可细分为淡水泉、河溪、洪泛区、沼泽（田洋）、湖泊、水稻田、池塘、水库等湿地型。综合考虑各类型湿地植被分布的规律，淡水泉区归于相应的类型（淡水泉流出汇入湖泊则归于湖泊湿地，淡水泉流出汇入河溪则归于河溪湿地等）；洪泛区归于相应的类型（湖泊洪泛区归于湖泊湿地，水库洪泛区归于水库湿地等）；沼泽型湿地中森林或灌丛沼泽与草丛沼泽植被类型大相径庭，森林或灌丛沼泽常位于人烟稀少之处，干扰较少，植被原生态较多，而草丛沼泽常位于田野，干扰频繁，大多是草本植物，所以将此部分归于田洋型；池塘水中与周边植物人工种植、入侵植物居多，植被类型也极不丰富，所以本书不做详细讨论。综上所述，本书主要介绍河溪型（图1-2）、湖泊型（图1-3）、水库型（图1-4）、田洋型（图1-5、图1-6）及森林或灌丛沼泽型（图1-7）5个类型的湿地。

图1-2　河溪型湿地

图 1-3　湖泊型湿地（冯尔辉航拍）

图 1-4　水库型湿地

图 1-5 田洋型湿地（插秧季节）

图 1-6 田洋型湿地（荒芜季节，冯尔辉航拍）

图 1-7　森林或灌丛沼泽型湿地

　　河溪型湿地：羊山地区河溪型湿地众多，流经海口城区的 3 条主要内河（美舍河、响水河和五源河）都源自羊山湿地。大些的河流由发源于森林中的小溪或涌泉溢出地表汇流而成，也有极少数由地表季节性雨水汇聚而成，河溪水位以 0.1~0.6m 居多，极少数的大河水位在 1.0m 以上。源出森林或涌泉的河溪湿地总体水质较好，河底以砂为主，淤泥较少，水质较清澈，湿地植被乔、灌、草层次较完整，种类较丰富，尤其是草本、水生植被丰富，不少珍稀濒危物种分布于此类湿地中，如水菜花（*Ottelia cordata*）、邢氏水蕨（*Ceratopteris shingii*）。而以地表水为主的河溪湿地水质一般，甚至较差，并在枯水季节存在断流的现象，湿地植被层次较单一，草本植被较多，但水生植被很少，另外，入侵植物也明显增多。

　　湖泊型湿地：羊山地区湖泊型湿地不多，主要有白水塘湿地与西湖娘娘庙湿地（玉龙泉湿地）。其中白水塘湿地紧邻海口市市区，位于东线高速西侧、绕城高速南侧，椰海大道北侧，天然湖泊星罗棋布，灌木茂盛，草本植被丰富，并有不少森林。但近年来城市地表水携带淤泥的汇入、补给水源的减少及部分地段的开发利用，使水域面积有缩小趋势，另外，凤眼莲入侵严重，大面积水域被凤眼莲覆盖，水质明显变差，水生植被明显单调。西湖娘娘庙湿地由涌泉不断补给，水位较稳定，常介于

0.6~1.2m，水质好，水生植被非常丰富，并呈季节性更替，但大藻入侵也较严重，每年需在暴发季节清理才能维持水生植被的动态平衡。

水库型湿地：羊山地区水库型湿地也较丰富，比较大型的水库有羊山水库、沙坡水库、永庄水库。羊山水库与沙坡水库的水源供给与其南侧广阔的湿地密切相关，湿地形成大小不一的众多小河、小溪汇入水库。除了满足灌溉的需求外，不少水库还是饮用水源地，因而水质较好，水位随季节有较大变化，枯水季时不少小岛常常会露出水面。水库型湿地植被与水库驳岸有直接的关联，人工砌筑的水库大坝或护坡周边植被稀少，几乎没有水生植物；自然形成的石坡草本植被资源较丰富，但水生植被较少；土坡尤其是坡度较小的自然放坡则植被层次丰富，乔、灌、草、水生植物都十分丰富，并蕴含一些珍稀濒危植物。

田洋型湿地：田洋为羊山火山熔岩湿地最具特色部分，海南因气候原因水稻本可种植3季，但羊山地区因土壤较贫瘠、人力资源不足、雨水不均匀等原因，一些水稻田常种一季或两季，甚至隔年种植，因此造就了水稻种植季为田、荒芜季积水成洋的现象，俗称田洋。田洋中水稻田的田埂常由火山岩自由砌筑而成，火山岩之间很少用砂浆勾逢，田与田之间的水可自由流通，以至荒芜季田野连成汪洋一片，并与田中凸岛和低洼处草本沼泽连成一片，或深或浅，杂草、野花或各色水生植物自然而生，景观独特，如潭丰洋湿地与新旧沟湿地[4]。田洋型湿地水位以0.1~0.8m居多，且水位一年四季会呈现一定规律的变化，非常适合于草本植物生长，因此，田洋湿地以草本植被占绝对优势，水生植被也较丰富，但乔木与灌丛植被分布稀疏，各种类也非常少。

森林或灌丛沼泽型湿地：森林或灌丛中火山岩较多，地下水溢出或洼地常年汇聚地表水形成森林或灌丛沼泽湿地。这种湿地类型在羊山地区不多，每块湿地面积也不大，湿地水深常小于0.5m，但终年有水，另外因枯枝落叶堆积、腐烂，淤泥较多，水质视水源供给方式不同而不同，由地下水补给为主的水质较好，地表水补给为主的水质一般甚至轻度污染。这种类型湿地常人迹罕至，干扰较少，因而原生态植被保存程度较高，并有较丰富的藤本植物。

1.3 羊山湿地形成原因

羊山湿地为火山熔岩湿地，火山熔岩湿地的形成与火山作用有着最直接的关联，岩浆作用形成火山，在距离地面大约 32km 的深处存在大量高温岩浆，其温度之高足以熔化大部分岩石，当熔岩库里的压力大于它上面的岩石顶盖的压力时，地壳下的水蒸气及岩浆等高温、高压的物质，涌出脆弱的地壳，继而喷入大气中。通过火山作用喷发出来的岩浆、渣和灰等物质堆积在喷发口周围，逐渐累积形成了特殊结构和锥状形态的山体——火山[5]。火山熔岩湿地是由于火山喷发后，阻断河流或一些小支沟并形成洼地或堰塞湖，洼地里的水体长期保存，使水草生长茂盛，并伴有湖泊，由于其成因与火山有直接的联系，故称之为火山湿地。

海南岛 - 雷州半岛火山群的形成和太平洋板块俯冲有直接联系，海南琼北地区曾是火山活跃地带，自新生代以来，计有 10 期 59 回火山喷发活动[1]，最后一次火山大约爆发于一万年前，地下熔岩喷涌而出，滚烫的熔浆在地上蔓延、冷却、凝固后，形成了南部火山熔岩地区，也就是现在的羊山地区。该地区西部高、东南部及北部地区地势低洼，海拔高度整体从南到北逐渐降低，地势起伏和缓，形成了独特的火山熔岩湿地，地带性土壤为火山灰土。地貌主要为由新生代玄武岩和火山碎屑岩组成的火山岩台地。"羊山"大部分地区土层浅薄，除了海口至火山岩地区之间土壤较深厚（可达 100～150cm）且呈红色外，其余如石山、永新、雷虎（岭南）、遵谭、十字路、龙桥、龙塘等的土壤很浅薄（15～20cm），为暗灰色土，地面石砾较普遍，地下水位低，土壤透水性强，河流、水田稀少，为典型的缺水地区。然而在该地区的北部和东南部地势较低的地方，地下水在此汇合，并以泉水的形式流出。独特的火山熔岩地质地貌产生了许多涌泉及洼地，加上本地充沛的降雨，形成了类型各异、数量众多的湿地，有河溪、湖泊、田洋、水库、池塘、森林、沼泽、洪泛区等多种类型，被称为我国热带地区天然"湿地博物馆"[2]。

1.4 羊山湿地的价值

湿地被称为"地球之肾"，与森林、海洋并称为地球的三大生态系统。湿地在改善城市生态环境、涵养城市水源、维持区域内的水平衡、降解城市污染物及保持城市生物多样性等方面都起着不可替代的作用。湿地除了能提供丰富的动植物产品以外，还有供水、防洪、降解污染、保护生物多样性、美化环境等多方面功能。尤其是城市周边的湿地，是解决城市排涝问题、建设"海绵城市"的重要自然资源；还对丰富城市的景观效果、提升城市品位有非常重要的意义。近年来，国内外很多城市都非常重视湿地的保护和湿地公园的建设。位于海口近郊的羊山湿地，蕴含丰富的地下水资源、生物资源和独特的人文景观，是维持海口市生态平衡、水资源平衡等的重要保证，是建成世界湿地城市、海绵城市、旅游城市等最重要的依托。

羊山湿地是海口市主要内河的发源地。海口是一个具有丰富内河资源的城市，流经海口城区的3条主要内河（美舍河、响水河和五源河）都源自羊山湿地。其中，美舍河和响水河更是直接源自羊山湿地核心区域。美舍河的水主要靠沙坡水库供给，而沙坡水库与羊山水库及其南侧广阔湿地相连，可以说是羊山湿地滋养着美舍河；响水河的主要源头是玉龙泉，流经宽广的坡训村湿地和白水塘湿地再汇入南渡江。南渡江流经海口市，最后在美兰区的三联社区流入琼州海峡。羊山湿地不仅是海口湿地最重要的组成部分，也是市区其他淡水湿地重要的水量补给来源。2018年10月25日，联合国国际湿地公约组织宣布海口市荣获全球首批"国际湿地城市"称号，美舍河、五源河也获批国家湿地公园试点，羊山湿地功不可没。

羊山湿地是海口南郊及城建区生态安全屏障。湿地有大面积天然连片的森林 - 淡水湿地景观。这在海南绝无仅有，具有特殊的景观和保育价值，是构建"海绵城市"不可多得的天然基础。羊山地区呈现出南高北低的地势，土壤浅薄且透水性强，因此降水时大部分雨水均以径流和地下水的形式流向羊山北部和东部这些连片的湿地之中并蓄积起来，既避免了雨季到来时给海口市城区带来内涝和水淹的威胁，也保证了旱季时期当地居民乃至海口市的用水安全。因此，羊山湿地在调节河川径流、补给地下水和维持区域水平衡中发挥着重要作用，是蓄水防洪的天然"海绵"，在时空上可调节降水的不均，避免水旱灾害，是海口构建"海绵城市"的主要依托。另外湿地能够降低水流速度，有利于毒物和杂质的沉淀和降解，同时能有效吸收水中的有毒物质和多余的氮、磷养分，进一步净化水质，减轻水体的富营养化程度，从而保障南渡江下游的水质。

羊山湿地是海口野生动植物的栖息天堂。湿地在物种基因保护和资源利用方面具有卓越的功能，湿地是许多珍稀濒危物种最后的避难所，因此被喻为"生物基因库"。羊山地区湿地类型多样，湿地资源丰富，并包含不少珍稀濒危物种，羊山地区类型丰富的湿地、周围茂密的林灌丛及充沛的水源构成了类型丰富、结构复杂的自然生境，保护了该地区丰富的生物多样性，大大丰富了海南植物区系，增加了海南岛植被类型的多样性，该地有4种国家二级保护野生植物，即水蕨（*Ceratopteris thalictroides*）、邢氏水蕨、水菜花和野生稻（*Oryza rufipogon*）。水菜花在羊山湿地分布较多，占中国分布总数的 80% 以上，为羊山湿地沉水植物主要的优势种，水菜花对水质要求严格，被称为"水质监测员"；邢氏水蕨为新发现的凤尾蕨科新种（2020 年命名），在羊山湿地分布也较丰富；在该区还记录到珍稀植物水角（*Hydrocera triflora*）[6]，以及虾子草（*Nechamandra alternifolia*）、异叶石龙尾（*Limnophila heterophyl-la*）、菖蒲（*Acorus calamus*）4 种新分布种 [6]。丰富的植物还为其他生物提供了良好的栖息场所，湿地中有国家一级保护动物蟒蛇，国家二级保护动物虎纹蛙、红原鸡、褐翅鸦鹃等。湿地中尚存的水獭是湿地生态系统的顶级掠食动物，非常依赖食物源丰富、未受污染的水体生存，是湿地环境好坏的指标性物种。

羊山湿地里有"火山"与"湿地"交融形成的极具地域特色的人文景观。用火山岩堆叠的田埂（图 1-8）、用火山岩砌筑的石桥（图 1-9）集景观与功能于一体，展示了海南人民朴实的生态理念，极具羊山特色。羊山湿地周边村落所建"公庙"往往依山傍水，"风水"绝佳，在充分体现琼北地区独具魅力的民俗风情、丰厚的历史传承的同时，也展示了海南人民的生存智慧和悠久的生态文明积淀。如绕城高速观澜湖出口旁的西湖娘娘庙及府城那央村王居正纪念亭，将当地的文化传统与湿地保护紧密地结合在一起，不仅对当地的历史及文化进行传承和保护，同时也很好地保护了当地的湿地资源，形成了集自然、历史、文化于一体的优良景观资源。除了上述的塘陂水坝自流灌渠系统以外，羊山湿地还有着火山熔岩水塘 - 火山石沟渠 - 沼泽湿地多功能水资源与水环境调控体系，融水利、灌溉、通行、水生生物生境于一体的火山石蛇桥，类似都江堰渠首工程"鱼嘴"分水结构的五孔尖墩石桥，田洋系统，热带林 - 火山涌泉 - 河溪湿地复合体等，充分展示了羊山人民的生态智慧 [7]。

另外，海口羊山湿地独特的火山熔岩地貌使其湿地植被的研究具有更深层次的意义。多年来研究火山熔岩地貌植物多样性特征和植被重建及恢复一直是植物学家、生态学家关注的重要研究领域之一。火山喷发后，熔岩浆会毁灭原有的植被和改变土壤环境，原生演替从裸岩上重新开始 [4]，火山熔岩地区将拥有区别于周围环境更年轻的植被演替史，其研究将对区域植物组成、发展史、演替规律及植被恢复都具有十分积极的科学意义。关于火山熔岩地区植被的研究起步较早，开展较多的有美国、俄罗斯、日本、新西兰等国家，对火山苔藓植物、先锋植物及植被群落演替都有过较深入的研究 [8-11]。国内起步晚，也有少量研究，黄庆阳、冯超、寇瑾、张乐等对五大连池火山熔岩植物多样性进行过研究 [12-16]，于爽等 [17] 对镜泊湖熔岩地区植物多样性进行过研究。湿地是地球上最重要的生态系统，具有稳定环境、物种基因保护和资源利用

图 1-8　用火山岩堆叠的田埂

图 1-9　用火山岩砌筑的石桥

功能，被喻为"自然之肾、生物基因库和人类摇篮"[18]，湿地植物则是这些功能承载与发挥的主体。作为火山熔岩地区的羊山湿地植物，融火山特色与湿地独特功能于一体，更具有科学研究意义。目前对该湿地的研究多体现在生物多样性的调查与认知、新物种的发现[19-20]等，对湿地植被也有少量研究[4, 20]，但这对保护、修复羊山湿地及有效利用湿地资源还远远不够。此次对湿地植被全面系统地调研将为羊山湿地的保护与修复提供较为客观的第一手资料与技术支撑，也为湿地植物资源的开发与利用提供客观、翔实的参考资料。

②

植物多样性与植物资源

2.1 研究方法及植物物种组成

2.1.1 研究方法

羊山湿地植物资源丰富，但不少位于交通不便利、不易到达之处，因此调查时先通过卫星图、无人机航拍图、地形图等确定不同湿地类型植被丰富的大致区域，再在河流、湖泊、水库、田洋、沼泽等主要湿地类型中选取典型植物群落设置样地，每种湿地植被类型至少设置 2 处，最后在划定调查区域后，手持 GPS 进入现场定位，借助户外助手记录轨迹，确定样地，进行实地调查。设置样地时，河流、湖泊、水库、沼泽型样地沿水陆交界边缘布置，尺度为 300m×30m；田洋植物分布均质性强，不以线状规律呈现，样地尺度取 300m×300m，样地地理位置取样地中心点。样地内每隔 50m 至少设置 1 处样方，植被丰富处可多设，每块样地至少有 6 个样方。乔木样方为 10m×10m，灌林为 5m×5m，草本为 1m×1m，共设置了 22 处样地（表 2-1）。共计乔木样方 14 个，灌木样方 33 个，草本样方 123 个（淡水泉和洪泛区因地制宜归入以上 5 类，如淡水泉流出形成河流计入河流、汇入田洋计入田洋，水库洪泛区归于水库等）。为了保证湿地植物的纯粹性，样方尽量选择水缘或水中，乔木样方往陆地方向延伸也不超 15m。

表 2-1 羊山火山熔岩湿地植被样地信息

样地类型	样地序号	样地名称	地理位置	样方数量	主要群系
河流型	1	美舍河上游段（含泄洪区）	E：110°19′31.57″ N：19°57′11.24″	灌木（2）草本（6）	对叶榕 - 薇甘菊群系（*Ficus hispida-Mikania micrantha*）；两面针＋葛麻姆群系（*Zanthoxylumnitidum ＋ Pueraria lobata*）；茳芏群系（*Cyperus malaccensis*）；浮萍群系（*Lemna minor*）；膜稃草＋蕹菜群系（*Hymenachne acutigluma+Ipomoea aquatica*）；斑茅＋南美蟛蜞菊群系（*Saccharum arundinaceum+ Wedelia trilobata*）；蕹菜＋节节草（*Commelina diffusa*）＋水烛（*Typha angustifolia*）群系

续表

样地类型	样地序号	样地名称	地理位置	样方数量	主要群系
河流型	2	羊山水库上游小溪	E：110°19′0.23″ N：19°56′52.6″	灌木（1）草本（5）	露兜树（*Pandanus tectorius*）-薇甘菊群系；薇甘菊群系；野芋群系（*Colocasia antiquorum*）；毛蕨群系（*Cyclosorus interruptus*）；水菜花群系（*Ottelia cordata*）；野芋+菜蕨（*Callipteris esculenta*）群系
	3	潭社村小河	E：110°23′22.03″ N：19°55′47.2″	乔木（1）灌木（2）草本（3）	厚皮树+潺槁木姜子群系（*Lanneacoromandelica+Litseaglutinosa*）；鹊肾树群系（*Streblus asper*）；山榕群系（*Ficus heterophylla*）；水菜花群系；水蕨群系（*Ceratopteris thalictroides*）；水菜花+水蕨群系
	4	昌旺溪	E：110°17′11.86″ N：19°47′19.6″	乔木（2）灌木（2）草本（5）	苦楝（*Melia azedarach*）-鹊肾树群系；玉蕊群系（*Barringtonia racemosa*）；牛筋藤群系（*Malaisiascandens*）；光叶藤蕨群系（*Stenochlaena palustris*）；斑茅群系；水蓼群系（*Polygonum hydropiper*）；水毛花+水龙群系（*Scirpus triangulatus+Ludwigia adscendens*）；田基麻+水角群系（*Hydrolea zeylanica+Hydrocera triflora*）；水角群系；水菜花+邢氏水蕨群系
湖泊型	5	西湖娘娘庙湖泊（含淡水泉出水口）	E：110°18′46.92″ N：19°56′5.95″	乔木（1）灌木（1）草本（8）	玉蕊群系；苦楝群系；露兜树群系；毛蕨群系；水菜花群系、大藻群系（*Pistia stratiotes*）；普通野生稻群系（*Oryza rufipogon*）；蕹菜群系；毛蓼群系（*Polygonum barbatum*）；水菜花+邢氏水蕨群系；蕹菜+大藻+雾水葛（*Pouzolzia zeylanica*）群系；膜稃草+蕹菜群系；毛蕨+薇甘菊+海芋（*Alocasia macrorrhiza*）群系；竹节草（*Chrysopogon aciculatus*）+水蓼群系
	6	白水塘A（高速公路两侧）	E：110°21′45.97″ N：19°57′39.53″	乔木（1）灌木（3）草本（10）	厚皮树+潺槁木姜子群系；酒饼簕+刺篱木群系（*Atalantiabuxifolia+Flacourtia indica*）；露兜树群系；光荚含羞草群系（*Mimosa sepiaria*）；凤眼莲群系（*Eichhornia crassipes*）；白花鬼针草群系（*Bidens pilosa*）；光蓼群系（*Polygonum glabrum*）；田基麻群系；白花鬼针草+夜香牛（*Vernonia cinerea*）群系；藿香蓟+丰花草群系（*Ageratum conyzoides+Borreri astricta*）；南美蟛蜞菊+倒地铃（*Cardiospermum halicacabum*）群系；水角群系；普通野生稻+膜稃草群系
	7	白水塘B（国兴中学前）	E：110°21′14.57″ N：19°57′44.6″	草本（6）	凤眼莲群系；蕹菜群系；斑茅群系；蕹菜+膜稃草群系；水龙群系；凤眼莲+蕹菜群系；南美蟛蜞菊群系

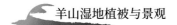

续表

样地类型	样地序号	样地名称	地理位置	样方数量	主要群系
水库型	8	羊山水库A	E：110°19′2.16″ N：19°56′50.34″	乔木（1）灌木（2）草本（3）	厚皮树＋苦楝群系；露兜树群系；风箱树群系（*Cephalanthus tetrandrus*）；斑茅群系；卡开芦群系（*Phragmites karka*）；水菜花群系
	9	羊山水库B	E：110°19′0.45″ N：19°56′52.57″	灌木（2）草本（6）	两面针＋葛麻姆；龙眼睛群系（*Phyllanthus reticulatus*）；卡开芦群系；毛蓼群系；凤眼莲群系；四蕊狐尾藻＋金银莲花群系（*Myriophyllum verticillatum+Nymphoides indica*）；四蕊狐尾藻＋水蓼群系；破铜钱＋节节草群系（*Hydrocotyle sibthorpioides+Commelina diffusa*）
	10	沙坡水库A	E：110°19′29.8″ N：19°57′18.06″	乔木（1）灌木（1）草本（6）	苦楝-对叶榕-薇甘菊群系；狼尾草群系（*Pennisetum alopecuroides*）；风车草群系（*Cyperus alternifolius*）；海芋群系；飞机草群系（*Eupatorium odoratum*）；白花鬼针草＋大叶油草（*Axonopus compressus*）群系；花叶芦竹（*Arundo donax*）＋海芋群系；乌敛莓＋掌叶鱼黄草群系（*Cayratia japonica+Merremia vitifolia*）；斑茅＋南美蟛蜞菊群系
	11	沙坡水库B	E：110°18′54.68″ N：19°57′20.88″	乔木（1）灌木（2）草本（4）	厚皮树＋苦楝＋粗糠柴（*Mallotus philippensis*）群系；对叶榕-薇甘菊群系；龙眼睛群系；狼尾草群系；斑茅群系；海芋群系
	12	永庄水库A	E：110°14′29.34″ N：19°57′40.14″	乔木（1）灌木（2）草本（4）	厚皮树＋麻楝（*Chukrasia tabularis*）群系；龙眼睛＋山榕群系；龙眼睛＋白饭树（*Flueggea virosa*）群系；粗毛野桐＋牛筋藤群系（*Mallotus hookerianus+Malaisia scandens*）；斑茅群系；铺地黍（*Panicum repens*）＋节节草群系；飞机草＋薇甘菊群系；丰花草＋水蜈蚣群系（*Borreria stricta+Kyllinga brevifolia*）
	13	永庄水库B（含洪泛区）	E：110°15′12.59″ N：19°58′5.57″	灌木（2）草本（4）	龙眼睛群系；山榕群系；龙眼睛＋山榕；铺地黍群系；铺地黍＋毛蕨群系；铺地黍＋倒地铃群系；斑茅群系

续表

样地类型	样地序号	样地名称	地理位置	样方数量	主要群系
田洋型	14	潭丰洋A（卜茂村南）	E：110°18′50.48″ N：19°47′1.8″	灌木（1） 草本（6）	苦楝群系；光叶藤蕨群系；凤眼莲群系；硕大藨草群系（*Scirpus grossus*）；高葶雨久花群系（*Monochoria valida*）；飞机草群系；草龙群系（*Ludwigia hyssopifolia*）；水毛花群系；凤眼莲＋硕大藨草群系；田基麻＋水角群系
	15	潭丰洋B	E：110°19′0.02″ N：19°46′10.17″	乔木（1） 灌木（2） 草本（3）	短穗鱼尾葵-露兜-光叶藤蕨群系；酒饼簕群系；光叶藤蕨群系；水蓼群系；水毛花＋水蓼群系；水角群系
	16	新旧沟	E：110°24′4.45″ N：19°52′35.19″	乔木（1） 灌木（1） 草本（6）	滑桃树（*Trewia nudiflora*）-山榕群系；龙眼睛群系；卡开芦群系；蕹菜群系；野芋群系；毛蓼群系；毛蕨＋野芋群系；杠板归＋囊颖草群系（*Polygonum perfoliatum*＋*Sacciolepis indica*）；铺地黍＋倒地铃群系
	17	坡崖村南（羊山水库与沙坡水库间）	E：110°19′19.46″ N：19°56′52.24″	乔木（1） 灌木（1） 草本（6）	玉蕊-风箱树群系；露兜群系-薇甘菊群系；普通野生稻群系；硕大藨草群系；蕹菜群系；蕹菜＋膜稃草群系；硕大藨草＋莒芏群系
	18	坡崖村西北（沙坡水库西南）	E：110°19′1.54″ N：19°57′12.09″	草本（7）	田基麻群系；高葶雨久花群系；龙舌草群系（*Ottelia alismoides*）；薇甘菊群系；斑茅＋含羞草（*Mimosa pudica*）群系；凤眼莲＋薇甘菊群系
	19	那英村	E：110°23′53.94″ N：19°55′54.77″	灌木（1） 草本（10）	苦楝群系；露兜群系；凤眼莲群系；光蓼群系；田字草群系（*Marsilea quadrifolia*）；毛草龙群系（*Ludwigia octovalvis*）；蕹菜群系；田基麻＋水角群系；草龙＋凤眼莲群系；毛蕨＋野芋＋薇甘菊群系；四蕊狐尾藻＋金银莲花群系；水菜花群系
	20	永庄水库西北旁	E：110°14′36.17″ N：19°58′16.52″	灌木（1） 草本（6）	露兜群系；高葶雨久花群系；草龙群系；类芦群系（*Neyraudia reynaudiana*）；水烛群系；水毛花群系；毛蕨＋野芋群系；高葶雨久花＋草龙群系

续表

样地类型	样地序号	样地名称	地理位置	样方数量	主要群系
森林或灌丛沼泽型	21	羊山水库西侧森林中	E：110°18′56.51″ N：19°56′32.92″	乔木（1）灌木（3）草本（5）	玉蕊 - 光叶藤蕨群系；露兜 - 毛蕨群系；对叶榕群系；玉叶金花群系（Mussaenda pubescens）；毛蕨群系；海芋群系；高葶雨久花群系；凤眼莲群系；水菜花群系；水龙群系
	22	海口绕城高速北侧（秀英区）	E：110°19′0.57″ N：19°56′15.66″	乔木（1）灌木（1）草本（5）	厚皮树群系 + 潺槁木姜子 - 牛筋藤群系；龙眼睛群系；毛蓼群系；凤眼莲群系；水蓼群系；圆叶节节菜 + 空心莲子草群系（Rotala rotundifolia+Alternanthera philoxeroides）；戴星草 + 大尾摇群系（Sphaeranthus africanus+Heliotropium indicum）

　　2018 年 1 月至 2019 年 6 月间，我们对样方进行了多次调查，统计每个样方内植物种类、盖度（coverage），如是乔木样方，还需统计乔木株数与胸径。单优植物群系某种植物盖度需大于 50%，且未有其他种植物盖度超过 20%；共建植物群系则有两种或两种以上的植物盖度超过了 20%。除了盖度，还使用频度来表征植被群系优势种，频度即某种植物在样方中出现的频率。采用 Margalef 丰富度指数[21]d_{Ma}、Shannon-Wiener 多样性指数[22]H'_e 和 Pielou 均匀度指数[23]J_e，研究植物的物种多样性。其计算公式如下：

$$d_{Ma} = \frac{S-1}{\ln N}$$

$$H'_e = -\sum_{i-1}^{S} P_i \ln P_i \quad P_i = \frac{n_i}{N}$$

$$J_e = \frac{H'_e}{H'_{max}} \qquad H'_{max} = \ln S$$

式中，N 为所有物种的个体数之和；n_i 为第 i 个种个体数量；S 为群落中的总物种数。

2.1.2　植物物种组成

　　据调查，羊山地区记录有维管束植物 141 科 568 属 827 种，而此研究中，为了保证湿地植物的纯粹性，所有样方都设置在水中或紧邻水边设置，即使是乔木样方，往陆地方向延伸也不超 15m，因此调研出的湿地植物由水生植物、沼生植物、湿生植物及部分邻近水边也能正常生长的陆生植物组成，物种数量要比羊山地区的少许多。通过样方调查与平时沿线调查结合，羊山火山熔岩湿地共有野生维管束植物 119 科 310 属 410 种（表 2-2），其中蕨类植物 10 科 12 属 15 种，被子植物 109 科 298 属 394 种，未见裸子植物。

10 种以上的科为禾本科（Gramineae）、豆科（Leguminosae）、大戟科（Euphorbiaceae）、菊科（Asteraceae）、莎草科（Cyperaceae）、茜草科（Rubiaceae）、桑科（Moraceae），这 7 科植物共 133 种，占记录植物的 32.5%。而有 49 科只包含有 1 种植物，占总科数的 41.2%。大科集中现象明显，也有非常丰富的单种科，充分反映了羊山湿地植物具有热带植物组成的多样性与复杂性；但与海南其他湿地（如保亭湿地单种科比率为 33.1%，琼中湿地单种科比率为 40%[24]），相比羊山湿地单种科比率更大些，具有火山熔岩地貌自身特点。从生活型看，乔木 64 种、灌木 113 种、藤本 44 种、草本 188 种，草本占调研植物的 45.9%，符合一般湿地的构成规律，但乔木种类偏少，只占调研植物的 15.6%，可能与羊山湿地植被演替目前主要停留在灌草阶段相关。

表 2-2　羊山湿地植物名录

序号	中文名	科名	拉丁名	生活型	备注
1	海金沙	海金沙科	*Lygodium japonicum*	藤本	
2	小叶海金沙	海金沙科	*Lygodium scandens*	藤本	
3	水蕨	凤尾蕨科	*Ceratopteris thalictroides*	草本	国家二级保护植物，水生草本
4	邢氏水蕨	凤尾蕨科	*Ceratopteris shingii*	草本	国家二级保护植物，水生草本
5	剑叶凤尾蕨	凤尾蕨科	*Pteris ensiformis*	草本	
6	半边旗	凤尾蕨科	*Pteris semipinnata*	草本	
7	菜蕨	蹄盖蕨科	*Callipteris esculenta*	草本	
8	光叶藤蕨	肿足蕨科	*Stenochlaena palustris*	草本	
9	毛蕨	金星蕨科	*Cyclosorus interruptus*	草本	
10	长叶肾蕨	肾蕨科	*Nephrolepis biserrata*	草本	
11	巢蕨	铁角蕨科	*Asplenium nidus*	草本	
12	抱树莲	水龙骨科	*Drymoglossum piloselloides*	草本	
13	伏石蕨	水龙骨科	*Lemmaphyllum microphyllum*	草本	
14	田字草	苹科	*Marsilea quadrifolia*	草本	水生草本
15	三叉蕨	三叉蕨科	*Tectaria subtriphylla*	草本	
16	南五味子	木兰科	*Kadsura longipedunculata*	灌木（近藤本）	

序号	中文名	科名	拉丁名	生活型	备注
17	瓜馥木	番荔枝科	*Fissistigma oldhamii*	藤本	
18	喙果皂帽花	番荔枝科	*Dasymaschalon rostratum*	乔木	
19	假鹰爪	番荔枝科	*Desmos chinensis*	灌木（近藤本）	
20	细基丸	番荔枝科	*Polyalthia cerasoides*	灌木	
21	紫玉盘	番荔枝科	*Uvaria microcarpa*	灌木	
22	潺槁木姜子（胶樟）	樟科	*Litsea glutinosa*	乔木	
23	假柿木姜子	樟科	*Litsea monopetala*	乔木	
24	无根藤	樟科	*Cassytha filiformis*	藤本	
25	红花青藤	莲叶桐科	*Illigera rhodantha*	藤本	
26	野牡丹	野牡丹科	*Melastoma candidum*	灌木	
27	延药睡莲	睡莲科	*Nymphaea stellata*	草本	
28	海南青牛胆	防己科	*Tinospora hainanensis*	藤本	
29	粪箕笃	防己科	*Stephania longa*	藤本	
30	中华青牛胆	防己科	*Tinospora sinensis*	藤本	
31	耳叶马兜铃	马兜铃科	*Aristolochia tagala*	藤本	
32	假蒟	胡椒科	*Piper sarmentosum*	草本	
33	臭矢菜	白花菜科	*Cleome viscosa*	草本	
34	皱子白花菜	白花菜科	*Cleome rutidosperma*	草本	
35	蔊菜	十字花科	*Rorippa indica*	草本	
36	豆瓣菜	十字花科	*Nasturtium officinale*	草本	
37	落地生根	景天科	*Bryophyllum pinnatum*	草本	归化种
38	猪笼草	猪笼草科	*Nepenthes mirabilis*	草本	
39	锦地罗	茅膏菜科	*Drosera burmanni*	草本	
40	荷莲豆草	石竹科	*Drymaria diandra*	草本	
41	土人参	马齿苋科	*Talinum paniculatum*	草本	
42	马齿苋	马齿苋科	*Portulaca oleracea*	藤本	
43	大花马齿苋	马齿苋科	*Portulaca grandiflora*	藤本	
44	杠板归	蓼科	*Polygonum perfoliatum*	草本	
45	大马蓼	蓼科	*Polygonum lapathifolium*	草本	
46	毛蓼	蓼科	*Polygonum barbatum*	草本	
47	火炭母	蓼科	*Polygonum chinense*	草本	
48	二歧蓼	蓼科	*Polygonum dichotomum*	草本	
49	小蓼	蓼科	*Polygonum minus*	草本	
50	光蓼	蓼科	*Polygonum glabrum*	草本	
51	水蓼	蓼科	*Polygonum hydropiper*	草本	
52	红蓼	蓼科	*Polygonum orientale*	草本	
53	伏毛蓼	蓼科	*Polygonum pubescens*	草本	

续表

序号	中文名	科名	拉丁名	生活型	备注
54	皱果苋	苋科	*Amaranthus viridis*	草本	
55	刺苋	苋科	*Amaranthus spinosus*	草本	
56	空心莲子草	苋科	*Alternanthera philoxeroides*	草本	
57	莲子草	苋科	*Alternanthera sessilis*	草本	
58	线叶虾钳菜	苋科	*Alternanthera nodiflora*	草本	
59	青葙	苋科	*Celosia argentea*	草本	
60	酢浆草	酢浆草科	*Oxalis corniculata*	草本	
61	红花酢浆草	酢浆草科	*Oxalis corymbosa*	草本	
62	水角	凤仙花科	*Hydrocera triflora*	草本	
63	萼距花	千屈菜科	*Cuphea hookeriana*	草本	
64	香膏萼距花	千屈菜科	*Cuphea alsamona*	草本	
65	节节菜	千屈菜科	*Rotala indica*	草本	
66	圆叶节节菜	千屈菜科	*Rotala rotundifolia*	草本	
67	草龙	柳叶菜科	*Ludwigia hyssopifolia*	草本	
68	毛草龙	柳叶菜科	*Ludwigia octovalvis*	草本	
69	水龙	柳叶菜科	*Ludwigia adscendens*	草本	水生草本
70	丁香蓼	柳叶菜科	*Ludwigia prostrata*	草本	
71	四蕊狐尾藻	小二仙草科	*Myriophyllum tetrandrum*	草本	水生草本
72	锡叶藤	五桠果科	*Tetracera asiatica*	藤本	
73	海桐	海桐花科	*Pittosporum tobira*	灌木	
74	刺篱木	大风子科	*Flacourtia indica*	灌木	
75	红花天料木	天料木科	*Homalium hainanense*	乔木	
76	龙珠果	西番莲科	*Passiflora foetida*	草本	
77	红瓜	葫芦科	*Coccinia grandis*	藤本	
78	绞股蓝	葫芦科	*Gynostemma pentaphyllum*	藤本	
79	茅瓜	葫芦科	*Solena amplexicaulis*	草本	
80	番木瓜	番木瓜科	*Carica papaya*	乔木	
81	量天尺	仙人掌科	*Hylocereus undatus*	灌木	
82	桉树	桃金娘科	*Eucalyptus robusta*	亚乔木	
83	桃金娘	桃金娘科	*Rhodomyrtus tomentosa*	灌木	
84	海南蒲桃	桃金娘科	*Syzygium hainanense*	乔木	
85	黑嘴蒲桃	桃金娘科	*Syzygium bullockii*	乔木	
86	洋蒲桃（莲雾）	桃金娘科	*Syzygium samarangense*	乔木	
87	蒲桃	桃金娘科	*Syzygium jambos*	乔木	
88	玉蕊	玉蕊科	*Barringtonia racemosa*	乔木	
89	使君子	使君子科	*Quisqualis indica*	藤本	
90	榄仁	使君子科	*Terminalia catappa*	乔木	

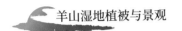

续表

序号	中文名	科名	拉丁名	生活型	备注
91	竹节树	红树科	*Carallia brachiata*	乔木	海南省级保护植物
92	海棠木	藤黄科	*Calophyllum inophyllum*	乔木	
93	黄牛木	藤黄科	*Cratoxylum cochinchinense*	乔木	海南省级保护植物
94	田基黄	藤黄科	*Grangea maderaspatana*	草本	
95	破布叶	椴树科	*Microcos paniculata*	灌木	
96	翻白叶树	梧桐科	*Pterospermum heterophyllum*	乔木	
97	鹧鸪麻	梧桐科	*Kleinhovia hospita*	乔木	
98	爪哇木棉	木棉科	*Ceiba pentandra*	乔木	
99	木棉	木棉科	*Bombax ceiba*	乔木	
100	黄槿	锦葵科	*Hibiscus tiliaceus*	乔木	
101	黄葵	锦葵科	*Abelmoschus moschatus*	草本	植物志检索为桐棉
102	磨盘草	锦葵科	*Abutilon indicum*	草本	
103	杨叶肖槿	锦葵科	*Thespesia populnea*	乔木	
104	黄花稔	锦葵科	*Sida acuta*	灌木	
105	榛叶黄花稔	锦葵科	*Sida subcordata*	灌木	
106	五月茶	大戟科	*Antides bunius*	乔木	
107	方叶五月茶	大戟科	*Antides ghaesembilla*	乔木	
108	热带铁苋菜	大戟科	*Acalypha indica*	草本	
109	红背山麻杆	大戟科	*Alchornea trewioides*	灌木	
110	土蜜树	大戟科	*Bridelia tomentosa*	灌木	
111	黑面神	大戟科	*Breynia fruticosa*	灌木	
112	秋枫	大戟科	*Bischofia javanica*	乔木	
113	变叶木	大戟科	*Codiaeum variegatum*	灌木	
114	霸王鞭	大戟科	*Euphorbia royleana*	藤本	
115	猩猩草	大戟科	*Euphorbia cyathophora*	草本	
116	飞扬草	大戟科	*Euphorbia hirta*	草本	
117	红背桂	大戟科	*Excoecaria cochinchinensis*	灌木	植物志为红背桂花
118	白饭树	大戟科	*Flueggea virosa*	灌木	
119	麻疯树	大戟科	*Jatropha curcas*	乔木	
120	白背叶	大戟科	*Mallotus apelta*	灌木或小乔	
121	白楸	大戟科	*Mallotus paniculatus*	乔木	
122	石岩枫	大戟科	*Mallotus repandus*	乔木	
123	粗糠柴	大戟科	*Mallotus philippensis*	乔木	
124	龙眼睛	大戟科	*Phyllanthus reticulatus*	灌木	
125	叶下珠	大戟科	*Phyllanthus urinaria*	草本	
126	蓖麻	大戟科	*Ricinus communis*	灌木	
127	乌桕	大戟科	*Sapium sebiferum*	乔木	
128	滑桃树	大戟科	*Trewia nudiflora*	乔木	

续表

序号	中文名	科名	拉丁名	生活型	备注
129	大叶桂樱	蔷薇科	*Laurocerasus zippeliana*	乔木	
130	羽叶金合欢	豆科	*Acacia pennata*	乔木	
131	合萌	豆科	*Aeschynomene indica*	草本	
132	金凤花	豆科	*Caesalpinia pulcherrima*	灌木	
133	朱缨花	豆科	*Calliandra haematocephala*	灌木	
134	距瓣豆	豆科	*Centrosema pubescens*	藤本	
135	望江南	豆科	*Cassia occidentalis*	灌木	
136	豆茶决明	豆科	*Cassia nomame*	草本	
137	决明	豆科	*Cassia tora*	草本	
138	猪屎豆	豆科	*Crotalaria pallida*	草本	
139	野扁豆	豆科	*Dunbaria villosa*	草本	
140	假木豆	豆科	*Dendrolobium triangulare*	灌木	
141	鸡冠刺桐	豆科	*Erythrina crista-galli*	乔木	
142	含羞草	豆科	*Mimosa pudica*	草本	
143	光荚含羞草	豆科	*Mimosa sepiaria*	灌木	
144	葛麻姆	豆科	*Pueraria lobata*	藤本	
145	水黄皮	豆科	*Pongamia pinnata*	灌木	
146	田菁	豆科	*Sesbania cannabina*	草本	
147	灰叶	豆科	*Tephrosia purpurea*	草本	
148	酸豆	豆科	*Tamarindus indica*	乔木	
149	猫尾草	豆科	*Uraria crinita*	草本	
150	狸尾草	豆科	*Uraria lagopodioides*	草本	
151	水仙柯	壳斗科	*Lithocarpus naiadarum*	乔木	
152	木麻黄	木麻黄科	*Casuarina equisetifolia*	乔木	归化种
153	山黄麻	榆科	*Trema tomentosa*	乔木	
154	假玉桂	榆科	*Celtis timorensis*	乔木	海南省级保护植物
155	见血封喉	桑科	*Antiaris toxicaria*	乔木	海南省级保护植物
156	波罗蜜	桑科	*Artocarpus heterophyllus*	乔木	
157	构树	桑科	*Broussonetia papyrifera*	乔木	
158	大果榕	桑科	*Ficus auriculata*	乔木	
159	山榕	桑科	*Ficus heterophylla*	灌木	
160	对叶榕	桑科	*Ficus hispida*	灌木	
161	琴叶榕	桑科	*Ficus pandurata*	灌木	
162	薜荔	桑科	*Ficus pumila*	藤本	
163	斜叶榕	桑科	*Ficus tinctoria*	乔木	
164	牛筋藤	桑科	*Malaisia scandens*	灌木	
165	桑	桑科	*Morus alba*	乔木	
166	鹊肾树	桑科	*Streblus asper*	灌木或小乔	
167	糯米团	荨麻科	*Gonostegia hirta*	草本	

续表

序号	中文名	科名	拉丁名	生活型	备注
168	吐烟花	荨麻科	*Pellionia repens*	草本	
169	雾水葛	荨麻科	*Pouzolzia zeylanica*	草本	
170	小叶冷水花	荨麻科	*Pilea microphylla*	草本	
171	苎麻	荨麻科	*Boehmeria nivea*	灌木	
172	铁冬青	冬青科	*Ilex rotunda*	乔木	
173	扶芳藤	卫矛科	*Euonymus fortunei*	藤本	
174	美登木	卫矛科	*Maytenus hookeri*	灌木	
175	变叶裸实	卫矛科	*Maytenus diversifolius*	灌木	部分检索为变叶美登木
176	小果微花藤	茶茱萸科	*Iodes vitiginea*	藤本	
177	广州山柑	山柑科	*Capparis cantoniensis*	乔木	
178	山柑	山柑科	*Capparis hainanensis*	灌木	
179	鱼木	山柑科	*Crateva formosensis*	乔木	
180	广寄生	桑寄生科	*Taxillus chinensis*	灌木	
181	雀梅藤	鼠李科	*Sageretia thea*	藤本	
182	马甲子	鼠李科	*Paliurus ramosissimus*	灌木	
183	铁包金	鼠李科	*Berchemia lineata*	草本	
184	角花胡颓子	胡颓子科	*Elaeagnus gonyanthes*	灌木（近藤本）	
185	白粉藤	葡萄科	*Cissus repens*	藤本	
186	光叶蛇葡萄	葡萄科	*Ampelopsis bodinieri var. hancei* Planch	藤本	植物志检索为蓝蛇果葡萄
187	乌蔹莓	葡萄科	*Cayratia japonica*	藤本	
188	崖爬藤	葡萄科	*Tetrastigma obtectum*	藤本	
189	文丁果	杜英科	*Muntingia colabura*	乔木	
190	飞龙掌血	芸香科	*Toddalia asiatica*	灌木	
191	大管	芸香科	*Micromelum falcatum*	乔木	
192	酒饼簕	芸香科	*Atalantia buxifolia*	灌木	
193	楝叶吴萸	芸香科	*Evodia glabrifolia*	攀缘藤本	
194	拟蚬壳花椒	芸香科	*Zanthoxylum dissitum*	攀缘藤本	
195	两面针	芸香科	*Zanthoxylum nitidum*	灌木	
196	簕欓花椒	芸香科	*Zanthoxylum avicennae*	乔木	
197	假黄皮	芸香科	*Clausena excavata*	灌木	
198	山小橘	芸香科	*Glycosmis pentaphylla*	灌木	
199	牛筋果	苦木科	*Harrisonia perforata*	灌木	海南省级保护植物
200	鸦胆子	苦木科	*Brucea javanica*	灌木	
201	大叶山楝	楝科	*Aphanamixis grandifolia*	乔木	
202	苦楝	楝科	*Melia azedarach*	乔木	植物志检索为楝
203	米仔兰	楝科	*Aglaia odorata*	灌木	
204	麻楝	楝科	*Chukrasia tabularis*	乔木	

续表

序号	中文名	科名	拉丁名	生活型	备注
205	山楝	楝科	*Aphanamixis polystachya*	乔木	
206	山椤	楝科	*Aglaia roxburghiana*	乔木	
207	滨木患	无患子科	*Arytera littoralis*	小乔或灌木	
208	倒地铃	无患子科	*Cardiospermum halicacabum*	藤本	
209	龙眼	无患子科	*Dimocarpus longan*	乔木	
210	荔枝	无患子科	*Litchi chinensis*	乔木	
211	厚皮树	漆树科	*Lannea coromandelica*	乔木	
212	漆树	漆树科	*Toxicodendron vernicifluum*	乔木	
213	盐肤木	漆树科	*Rhus chinensis*	灌木	
214	土坛树	八角枫科	*Alangium salviifolium*	乔木	
215	黄毛楤木	五加科	*Aralia decaisneana*	灌木	
216	鹅掌藤	五加科	*Schefflera arboricola*	藤本	
217	刺芹	伞形科	*Eryngium foetidum*	草本	
218	破铜钱	伞形科	*Hydrocotyle sibthorpioides*	草本	
219	旱芹	伞形科	*Apium graveolens*	草本	
220	积雪草	伞形科	*Centella asiatica*	草本	
221	水芹	伞形科	*Oenanthe javanica*	草本	
222	天胡荽	伞形科	*Hydrocotyle sibthorpioides*	草本	
223	鲫鱼胆	紫金牛科	*Maesa perlarius*	灌木	
224	柳叶密花树	紫金牛科	*Myrsine linearis*	灌木	
225	醉鱼草	马钱科	*Buddleja lindleyana*	草本	
226	钩吻	马钱科	*Gelsemium elegans*	藤本	
227	灰莉	马钱科	*Fagraea ceilanica*	草本	
228	牛眼马钱	马钱科	*Strychnos angustiflora*	草本	
229	青藤仔	木樨科	*Jasminum nervosum*	灌木	
230	扭肚藤	木樨科	*Jasminum elongatum*	藤本	
231	大青叶	夹竹桃科	*Wrightia laevis*	灌木	
232	倒吊笔	夹竹桃科	*Wrightia pubescens*	乔木	
233	夹竹桃	夹竹桃科	*Nerium indicum*	灌木	栽培种
234	球兰	萝藦科	*Hoya carnosa*	藤本	
235	眼树莲	萝藦科	*Dischidia chinensis*	藤本	
236	白花蛇舌草	茜草科	*Hedyotis diffusa*	草本	
237	阔叶丰花草	茜草科	*Borreria latifolia*	草本	
238	丰花草	茜草科	*Borreria stricta*	草本	
239	狗骨柴	茜草科	*Diplospora dubia*	灌木	
240	鸡矢藤	茜草科	*Paederia scandens*	草本	
241	九节	茜草科	*Psychotria rubra*	草本	
242	蔓九节	茜草科	*Psychotria serpens*	藤本	

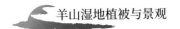

序号	中文名	科名	拉丁名	生活型	备注
243	双花耳草	茜草科	*Hedyotis biflora*	草本	
244	墨苜蓿	茜草科	*Richardia scabra*	草本	
245	伞房花耳草	茜草科	*Hedyotis corymbosa*	草本	
246	山石榴	茜草科	*Catunaregam spinosa*	灌木	
247	风箱树	茜草科	*Cephalanthus tetrandrus*	灌木	
248	粗毛玉叶金花	茜草科	*Mussaenda hirsutula*	灌木	
249	玉叶金花	茜草科	*Mussaenda pubescens*	灌木	
250	猪肚木	茜草科	*Canthium horridum*	灌木	
251	忍冬	忍冬科	*Lonicera japonica*	藤本	
252	败酱草	败酱科	*Patrinia scabiosaefolia*	草本	
253	金钮扣	菊科	*Acmella cilita*	草本	
254	藿香蓟	菊科	*Ageratum conyzoides*	草本	
255	青蒿	菊科	*Artemisia carvifolia*	草本	
256	钻叶紫菀	菊科	*Aster subulatus*	草本	
257	鬼针草	菊科	*Bidens pilosa*	草本	
258	白花鬼针草	菊科	*Bidens pilosa var. radiate*	草本	
259	鳢肠草	菊科	*Eclipta prostrata*	草本	
260	沼菊	菊科	*Enydra fluctuans*	草本	
261	飞机草	菊科	*Eupatorium odoratum*	草本	
262	飞蓬	菊科	*Erigeron acer*	草本	
263	咸虾花	菊科	*Vernonia patula*	草本	
264	假臭草	菊科	*Eupatorium catarium*	草本	
265	鼠麴草	菊科	*Gnaphalium affine*	草本	
266	银胶菊	菊科	*Parthenium hysterophorus*	草本	
267	薇甘菊	菊科	*Mikania micrantha*	草本（近藤本）	
268	戴星草	菊科	*Sphaeranthus africanus*	草本	
269	豨莶	菊科	*Siegesbeckia orientalis*	草本	
270	金腰箭	菊科	*Synedrella nodiflora*	草本	
271	南美蟛蜞菊	菊科	*Wedelia trilobata*	草本	
272	李花蟛蜞菊	菊科	*Wedelia biflora*	草本	
273	假泽兰	菊科	*Mikania cordata*	草本	
274	夜香牛	菊科	*Vernonia cinerea*	草本	
275	金银莲花	荇菜科	*Nymphoides indica*	草本	水生草本
276	延叶珍珠菜	报春花科	*Lysimachia decurrens*	草本	
277	白花丹	白花丹科	*Plumbago zeylanica*	草本（亚灌木）	
278	半边莲	桔梗科	*Lobelia chinensis*	草本	
279	短柄半边莲	桔梗科	*Lobelia alsinoides*	草本	

续表

序号	中文名	科名	拉丁名	生活型	备注
280	田基麻	田基麻科	*Hydrolea zeylanica*	草本	
281	基及树	紫草科	*Carmona microphylla*	灌木	
282	大尾摇	紫草科	*Heliotropium indicum*	草本	
283	少花龙葵	茄科	*Solanum photeinocarpum*	草本	
284	灯笼果	茄科	*Physali speruviana*	藤本	
285	水茄	茄科	*Solanum torvum*	草本	
286	海南茄	茄科	*Solanum procumbens*	草本	
287	假烟叶树	茄科	*Solanum verbascifolium*	亚乔木	
288	曼陀罗	茄科	*Datura stramonium*	藤本	
289	白鹤藤	旋花科	*Argyreia acuta*	藤本	
290	土丁桂	旋花科	*Evolvulus alsinoides*	草本	
291	五爪金龙	旋花科	*Ipomoea cairica*	草本	
292	蕹菜	旋花科	*Ipomoea aquatica*	草本	水生草本
293	小心叶薯	旋花科	*Ipomoea obscura*	草本	
294	篱栏网	旋花科	*Merremia hederacea*	草本	
295	掌叶鱼黄草	旋花科	*Merremia vitifolia*	藤本	
296	圆叶牵牛	旋花科	*Pharbitis purpurea*	藤本	
297	刺齿泥花草	玄参科	*Lindernia ciliata*	草本	
298	独脚金	玄参科	*Striga asiatica*	草本	
299	母草	玄参科	*Lindernia crustacea*	草本	
300	泥花草	玄参科	*Lindernia antipoda*	草本	
301	石龙尾	玄参科	*Limnophila sessiliflora*	草本	
302	中华石龙尾	玄参科	*Limnophila chinensis*	草本	
303	通泉草	玄参科	*Mazus japonicus*	草本	
304	挖耳草	狸藻科	*Utricularia bifida*	草本	
305	海南菜豆树	紫葳科	*Radermachera hainanensis*	乔木	
306	猫尾木	紫葳科	*Dolichandrone cauda-felina*	乔木	
307	碗花草	爵床科	*Thunbergia fragrans*	草本	
308	大花山牵牛	爵床科	*Thunbergia grandiflora*	藤本	
309	水蓑衣	爵床科	*Hygrophila salicifolia*	草本	
310	宽叶十万错	爵床科	*Asystasia gangetica*	草本	
311	假杜鹃	爵床科	*Barleria cristata*	灌木	
312	苦郎树	马鞭草科	*Clerodendrum inerme*	灌木	
313	大青	马鞭草科	*Clerodendrum cyrtophyllum*	灌木	
314	假马鞭	马鞭草科	*Stachytarpheta jamaicensis*	草本	
315	裸花紫珠	马鞭草科	*Callicarpa nudiflora*	灌木	
316	山牡荆	马鞭草科	*Vitex quinata*	灌木	
317	赪桐	马鞭草科	*Clerodendrum japonicum*	灌木	
318	马缨丹	马鞭草科	*Lantana camara*	灌木	

续表

序号	中文名	科名	拉丁名	生活型	备注
319	益母草	唇形科	*Leonurus artemisia*	草本	
320	丁香罗勒	唇形科	*Ocimum gratissimum*	灌木	
321	肾茶	唇形科	*Clerodendranthus spicatus*	草本	
322	水蜡烛	唇形科	*Dysophylla yatabeana*	草本	
323	水珍珠菜	唇形科	*Pogostemon auricularius*	草本	
324	水菜花	水鳖科	*Ottelia cordata*	草本	水生草本
325	龙舌草	水鳖科	*Ottelia alismoides*	草本	水生草本
326	虾子草	水鳖科	*Nechamandra alternifolia*	草本	
327	黄花蔺	泽泻科	*Limnocharis flava*	草本	水生草本
328	野慈姑	泽泻科	*Sagittaria trifolia*	草本	水生草本
329	饭包草	鸭跖草科	*Commelina bengalensis*	草本	
330	竹节菜	鸭跖草科	*Commelina diffusa*	草本	
331	鸭跖草	鸭跖草科	*Commelina communis*	草本	
332	牛轭草	鸭跖草科	*Murdannia loriformis*	草本	
333	水竹叶	鸭跖草科	*Murdannia triquetra*	草本	
334	谷精草	谷精草科	*Eriocaulon buergerianum*	草本	
335	闭鞘姜	姜科	*Costus speciosus*	草本	
336	草豆蔻	姜科	*Alpinia katsumadai*	草本	
337	美人蕉	美人蕉科	*Canna indica*	草本	
338	柊叶	竹芋科	*Phrynium capitatum*	草本	
339	紫背竹芋	竹芋科	*Stromanthe sanguinea*	草本	
340	海南龙血树	百合科	*Dracaena cambodiana*	灌木或亚乔木	
341	山菅兰	百合科	*Dianella ensifolia*	草本	植物志检索为山菅
342	天门冬	百合科	*Asparagus cochinchinensis*	藤本	
343	凤眼莲	雨久花科	*Eichhornia crassipes*	草本	水生草本
344	箭叶雨久花	雨久花科	*Monochoria hastate*	草本	水生草本
345	雨久花	雨久花科	*Monochoria korsakowii*	草本	水生草本
346	高葶雨久花	雨久花科	*Monochoria elata*	草本	水生草本
347	鸭舌草	雨久花科	*Monochoria vaginalis*	草本	
348	菝葜	菝葜科	*Smilax china*	藤本	
349	菖蒲	天南星科	*Acorus calamus*	草本	
350	尖尾芋	天南星科	*Alocasia cucullata*	草本	
351	海芋	天南星科	*Alocasia macrorrhiza*	草本	
352	野芋	天南星科	*Colocasia antiquorum*	草本	
353	紫芋	天南星科	*Colocasia tonoimo*	藤本	
354	麒麟叶	天南星科	*Epipremnum pinnatum*	草本	
355	大薸	天南星科	*Pistia stratiotes*	草本	水生草本
356	半夏	天南星科	*Pinellia ternata*	草本	

序号	中文名	科名	拉丁名	生活型	备注
357	蜈蚣藤	天南星科	*Zanthoxylum multijugum*	藤本	
358	浮萍	浮萍科	*Lemna minor*	草本	水生草本
359	水烛	香蒲科	*Typha angustifolia*	草本	水生草本
360	文殊兰	石蒜科	*Crinum asiaticum*	草本	
361	仙茅	石蒜科	*Curculigo orchioides*	草本	
362	细花百部	百部科	*Stemona parviflora*	藤本	
363	大花百部	百部科	*Stemona tuberosa*	藤本	植物志检索为大百部
364	刺葵	棕榈科	*Phoenix hanceana*	乔木	
365	短穗鱼尾葵	棕榈科	*Caryota mitis*	小乔木	
366	椰子树	棕榈科	*Cocos nucifera*	乔木	
367	露兜草	露兜树科	*Pandanus austrosinensis*	草本	
368	露兜树	露兜树科	*Pandanus tectorius*	灌木	
369	黄花美冠兰	兰科	*Eulophia flava*	草本	
370	羊耳蒜	兰科	*Liparis japonica*	草本	
371	风车草	莎草科	*Cyperus alternifolius*	草本	
372	砖子苗	莎草科	*Cyperus cyperoides*	草本	
373	高秆莎草	莎草科	*Cyperus exaltutus*	草本	
374	羽穗砖子苗	莎草科	*Cyperus javanicus*	草本	
375	迭穗莎草	莎草科	*Cyperus imbricatus*	草本	
376	茳芏	莎草科	*Cyperus malaccensis*	草本	
377	轴莎草	莎草科	*Cyperus pilosus*	草本	
378	香附子	莎草科	*Cyperus rotundus*	草本	
379	硬穗飘拂草	莎草科	*Fimbristylis insignis*	草本	
380	荸荠	莎草科	*Heleocharis dulcis*	草本	
381	水蜈蚣	莎草科	*Kyllinga brevifolia*	草本	
382	水毛花	莎草科	*Scirpus triangulatus*	草本	
383	硕大藨草	莎草科	*Scirpus grossus Linnaeus*	草本	
384	水葱	莎草科	*Scirpus validus*	草本	
385	水莎草	莎草科	Juncellus serotinus	草本	
386	水蔗草	禾本科	*Apluda mutica*	草本	
387	花叶芦竹	禾本科	*Arundo donax*	草本	
388	小箣竹	禾本科	*Bambusa flexuosa*	草本	
389	弓果黍	禾本科	*Cyrtococcum patens*	草本	
390	红尾翎	禾本科	*Digitaria radicosa*	草本	
391	野稗	禾本科	*Echinochloa crusgalli*	草本	
392	水田稗	禾本科	*Echinochloa oryzoides*	草本	
393	牛筋草	禾本科	*Eleusine indica*	草本	
394	弊草	禾本科	*Hymenachne assamicum*	草本	
395	膜秤草	禾本科	*Hymenachne acutigluma*	草本	

续表

序号	中文名	科名	拉丁名	生活型	备注
396	白茅	禾本科	*Imperata cylindrica*	草本	
397	李氏禾	禾本科	*Leersia hexandra*	草本	
398	蔓生莠竹	禾本科	*Microstegium vagans*	草本	
399	类芦	禾本科	*Neyraudia reynaudiana*	草本	
400	普通野生稻	禾本科	*Oryza rufipogon*	草本	
401	短叶黍	禾本科	*Panicum brevifolium*	草本	
402	大黍	禾本科	*Panicum maximum*	草本	
403	铺地黍	禾本科	*Panicum repens*	草本	
404	两耳草	禾本科	*Paspalum conjugatum*	草本	
405	狼尾草	禾本科	*Pennisetum alopecuroides*	草本	
406	象草	禾本科	*Pennisetum purpureum*	草本	
407	卡开芦	禾本科	*Phragmites karka*	草本	
408	红毛草	禾本科	*Rhynchelytrum repens*	草本	
409	斑茅	禾本科	*Saccharum arundinaceum*	草本	
410	囊颖草	禾本科	*Sacciolepis indica*	草本	

注：此表中水生草本指植物整个生命过程或大部分生命过程都离不开水，蕹菜有旱生与水生之分，在羊山湿地蕹菜主要表现为水生。

2.2 羊山湿地植物区系划分

2.2.1 科的分布区类型分析

根据世界种子植物科的分布区类型的研究及海南种子植物区系的研究[25-27]，将羊山湿地植物 119 科划分为 10 个类型和 4 个变型，将其归并为世界分布、热带分布（2 ～ 7 类）、温带分布（8 ～ 13 类）和中国特有分布 4 大类（表 2-3）。其中，世界分布 44 科，占羊山湿地区系总科数的 36.97%，代表科有禾本科、茄科（Solanaceae）、茜草科、莎草科、豆科、菊科、苋科（Amaranthaceae）、蓼科（Polygonaceae）、桑科、唇形科（Labiatae）、旋花科（Convolvulaceae）、兰科（Orchidaceae）、玄参科（Scrophulariaceae）等。羊山湿地以热带、亚热带分布科为主，热带分布 65 科，占羊山湿地区系总科数的 86.67%。在热带分布科中，主要是泛热带分布类型及其变型，共有 49 科，占羊山湿地区系总科数的 65.33%，是占比最大的类型，其优势科主要有大戟科、锦葵科（Malvaceae）、樟科（Lauraceae）、爵床科（Acanthaceae）、萝藦科（Asclepiadaceae）、芸香科（Rutaceae）、天南星科（Araceae）、番荔枝科（Annonaceae）、紫金牛科（Myrsinaceae）等。温带分布 9 科，占羊山湿地区系总科数的 12%。在温带分布科中，主要是北温带分布类型及其变型，共有 7 科，占 9.33%。有一中国特有科——番木瓜科（Caricaceae）。从科的地理成分所占的比率可知，在科级水平上，羊山湿地植物区系以热带性科占绝对优势，而且大部分表征科也均为热带性科，与该地区处于热带的地理位置相符合。

表 2-3　羊山湿地维管束植物科的分布区类型统计

类型及变型 （Types and subtypes）	科数 （Families）	占非世界分布科比率 （Percent in total families not worldwide distributed）（%）
1. 世界分布	44	—
2. 泛热带分布	44	58.67
2-1　热带亚洲、大洋洲和南美洲间断	1	1.33
2-2　热带亚洲—热带非洲—热带美洲（南美洲或 / 和墨西哥）	2	2.67
以南半球为主的泛热带	2	2.67
3. 东亚（热带、亚热带）及热带南美间断	6	8.00
4. 旧世界热带	3	4.00
5. 热带亚洲至热带大洋洲	6	8.00
7. 热带亚洲分布	1	1.33
8. 北温带	4	5.33
8-4　北温带和南温带间断分布	3	4.00
9. 东亚及北美间断	1	1.33
13. 中亚分布	1	1.33
15. 中国特有分布	1	1.33
共计	119	100

2.2.2　属的分布区类型分析

根据中国种子植物属的分布区类型的研究及国内关于蕨类植物区系研究[28-29]，将羊山湿地维管植物 310 属划分为 12 个类型和 8 个变型，归并为世界分布、热带分布（2 ～ 7 类）、温带分布（8 ～ 14 类）和中国特有分布 4 大类。其中，世界分布 29 属、热带分布 255 属、温带分布 25 属、中国特有分布 1 属，分别占羊山湿地区系总属数的 9.35%、90.75%、8.90%、0.35%（表 2-4）。

表 2-4　羊山湿地维管束植物属的分布区类型统计

类型及变型 (Types and subtypes)	属数 (Genera)	占非世界分布属比率 (Percent in total genera not world- wide distributed) （%）
1. 世界分布	29	—
2. 泛热带分布	106	37.72
2-1　热带亚洲、大洋洲和南美洲间断	1	0.35
2-2　热带亚洲—热带非洲—热带美洲（南美洲或 / 和墨西哥）	8	2.85
3. 东亚（热带、亚热带）及热带南美间断	16	5.69
4. 旧世界热带	41	14.59
4-1　热带亚洲、非洲和大洋洲间断或星散分布	2	0.71
5. 热带亚洲至热带大洋洲	28	9.96
6. 热带亚洲至热带非洲	24	8.54
6-2　热带亚洲和东非间断	1	0.35
7. 热带亚洲（热带东南亚至印度—马来西亚，太平洋诸岛）	27	9.61
7-1　爪哇、喜马拉雅和华南、西南星散	1	0.35
8. 北温带	8	2.85
8-4　北温带和南温带间断分布	1	0.35
9. 东亚及北美间断	8	2.85
10. 旧世界温带	2	0.71
10-1　地中海区、西亚和东亚间断	2	0.71
12-1　地中海区至中亚和南非洲、大洋洲间断	1	0.35
14. 东亚	3	1.07
15. 中国特有	1	0.35
总计	310	100

热带分布属是羊山湿地属的构成主体，它又分为泛热带分布属、东亚及热带南美间断、旧世界热带、热带亚洲至热带大洋洲与热带亚洲至热带非洲。泛热带分布属乔木层主要有榕属（*Ficus*）、山柑属（*Capparis*）和红厚壳属（*Calophyllum*）等，林下和林间常见植物如番薯属（*Ipomoea*）、鸭跖草属（*Commelina*）和大青属（*Clerodendrum*）等。热带亚洲分布属乔木层主要有山楝属（*Aphanamixis*）、龙眼属（*Dimocarpus*）、波罗蜜属（*Artocarpus*）等，灌木和草本常见植物属有马缨丹属（*Montevidensis*）、芋属（*Colocasia*）、含羞草属（*Mimosa*）和雨久花属（*Monochoria*）等。东亚及热带南美间断属主要有假马鞭属（*Stachytarpheta*）和木姜子属（*Litsea*）等。旧世界热带及其亚型分布性属主要有楝属（*Melia*）、露兜树属（*Pandanus*）、野桐属（*Mallotus*）和倒吊笔属（*Wrightia*）等。热带亚洲至热带大洋洲分布类型属主要

有百部属（*Angiospermae*）、米仔兰属（*Aglaia*）和桃金娘属（*Rhodomyrtus*）等。热带亚洲至热带非洲分布属主要有刺葵属（*Phoenix*）、使君子属（*Quisqualis*）和木棉属（*Bombax*）等。海南植物区系以热带、亚热带为主，但仍有一定比率的温带分布属，如益母草属（*Leonurus*）、盐肤木属（*Rhus*）和忍冬属（*Lonicera*）等。东亚及北美洲间断分布属种类较少，多为单种属，在群落中不起重要作用。中国特有属 1 属，为簕竹属（*Bambusa*）。

《中国植被》在区划中将羊山湿地植物区系划为古热带植物区，马来亚植物亚区的南海地区，是中国华南植物区系和亚洲热带雨林的过渡类型，其植物区系组成与华南亚区有不可分割的联系，但调查未记录到热带性质强烈的科属植物，如五列木科、龙脑香科等，由此可知，羊山湿地因地处海南岛北部，为热带北缘，热带属性并不十分强。

2.3　羊山湿地植物资源

由于特殊的地理环境和土壤条件限制，羊山地区被开发的面积受到限制，正因如此，其还保留着相对原生态的森林和湿地景观，再加上羊山地区湿地面积广大、类型多样，生物资源尤其是植物资源非常丰富。通过查阅《中国植被》[30-31]《中国湿地植被》[32]《中国资源植物》[33]《海南中药资源图集》[34-35]《海南植物志》[36-37]《海南植物物种多样性编目》[38]和海南观赏植物[39-40]等资料，并通过观察和问询居民，发现琼中湿地植物资源丰富，有观赏、药用、用材、纤维、果树等不同资源植物，其中以药用植物资源种类最多。

2.3.1　景观植物资源

羊山湿地景观植物资源丰富（附录 1），具有园林观赏价值的植物有 183 种，占植物总种数的 44.3%。它们主要由具有典型热带、亚热带特色的景观植物组成，共同装点着羊山湿地的四季，使其无论季节如何变换都那么绚丽多彩。景观植物按其观赏部位常分为观花、观叶（含苞片）、观果及观姿形植物等几类，当然，不少热带植物兼具两种或以上观赏特性。

花为最重要的观赏特性。爪哇木棉、鹧鸪麻、野牡丹、桃金娘、朱缨花、赪桐、紫玉盘、使君子、光蓼、红蓼等红色或粉色花系热烈奔放，花开时节火红灿烂，蔚为壮观。鱼木、海南菜豆树、榛叶黄花稔、洋蒲桃、黄花美冠兰、黄花蔺等黄色花系明亮耀眼。假杜鹃、大花山牵牛、凤眼莲、箭叶雨久花等紫色花系唯美知性。风箱树、光荚含羞草、蕹菜、文殊兰、水菜花等白色、黄白色花系则素静优雅。

很多植物的叶片（或苞片）富有特色。不少植物叶大且叶形漂亮，如剑叶凤尾蕨、半边旗、鸟巢蕨、海芋、野芋、紫芋、麒麟叶、柊叶等。短穗鱼尾葵、椰子树等棕榈科植物的羽状叶极具热带风情。翻白叶树、白楸等叶色灰白区别于普通绿色。猩猩草、粗毛玉叶金花、玉叶金花等苞片如花瓣艳丽，且观赏期长，观赏价值高。

许多园林植物的果实也因其色泽鲜艳、果型巨大或造型奇特等极富观赏价值。五月茶、方叶五月茶、荔枝、簕欓花椒、土坛树、洋蒲桃、量天尺、红瓜等植物的果多且色泽鲜艳；波罗蜜果型巨大且着生于枝干上，甚为独特；倒吊笔、猫尾木、倒地铃、灯笼果的果实则造型奇特。

除花、叶、果外，姿形也是观赏的另一大特征，如大叶榄仁、滑桃树、苦楝等枝形开展大气；水毛花、花叶芦竹、狼尾草、象草、卡开芦、斑茅等枝形柔美富有野趣。露兜树叶螺旋状排列，气根发达。

当然，部分景观植物具有以上两种或多种观赏特性，观赏价值更高，如玉蕊、海南菜豆树、鹧鸪麻等。

2.3.2 药用植物资源

药用植物共有 306 种，占调研植物总种数的 76.4%（附录 2）。药理作用包括解毒抗感染、抗寄生虫、提高免疫力、抗肿瘤、调节中枢神经系统等，功效涉及清热解表、祛风湿、利水渗、泻下、活血化瘀、化痰止咳平喘、温里、理气、补虚等各个方面。

具清热解表、抗菌消炎作用的药用植物资源主要有潺槁木姜子、黄牛木、黄槿、桉树、乌桕、鸡冠刺桐、见血封喉、波罗蜜、桑、鹊肾树、铁冬青、广州山柑、假烟叶树、假木豆、黄花稔、山柑、牛筋果、鸦胆子、盐肤木、大青叶、风箱树、倒地铃、忍冬、紫芋、半边旗、毛蓼、酢浆草、叶下珠、决明、藿香蓟、水蜈蚣、铺地黍等。

具祛风祛湿、消肿解毒作用的药用植物资源主要有石岩枫、构树、苦楝、土坛树、紫玉盘、黑面神、变叶木、望江南、广寄生、假黄皮、蓖麻、山小橘、苦榔树、假鹰爪、无根藤、粪箕笃、马齿苋、蛇葡萄、崖爬藤、蜈蚣藤、圆叶节节菜、田字草、假蒟、飞扬草、糯米团、旱芹、鸡矢藤、金钮扣、金腰箭、肾茶、野慈姑。

具活血化瘀、散结作用的药用植物资源主要有大叶桂樱、大果榕、龙眼睛、桃金娘、蓖麻、金凤花、白花丹、薜荔、扶芳藤、鹅掌藤、拟蚬壳花椒、臭矢菜、落地生根、鬼针草、延叶珍珠菜、水茄、母草、益母草、羊耳蒜等。

具化痰止咳平喘作用的药用植物资源主要有木麻黄、漆树、变叶裸实、夹竹桃、山石榴、水蕨、伏石蕨、猪笼草、锦地罗、龙珠果、茅瓜、磨盘草、白花蛇舌草、百部、鼠麹草、龙舌草、牛轭草、半夏等。

具利水渗、泻下作用的药用植物资源主要有乌桕、海金沙、灯笼果、圆叶牵牛、乌蔹莓、豆瓣菜、空心莲子草、酢浆草、含羞草、飞蓬、半边莲、假马鞭、水竹叶、闭鞘姜、浮萍等。

具温里、理气、补虚作用的药用植物资源主要有主要构树、龙眼、荔枝、土人参、鳢肠、草豆蔻、仙茅、香附子、绞股蓝、天门冬等。

当然，部分药用资源植物由于根、叶、花、果等部位都能入药因而具有多种功效，如构树的种子补肾、强筋骨；叶清热凉血，利湿、杀虫；树皮利尿消肿，祛风湿；树液利水、消肿、解毒。

2.3.3 用材植物资源

用材植物有 35 种，占总种数的 8.9%（附录 3）。这些用材可供建筑、桥梁、车辆、造船、码头工程、农具、家具、器材、制作工艺品等用。用材植物中以乔木占绝对优势，为 23 种，占用材植物总数的 63.9%，因为树干是用材植物最主要的使用部位。

可供建筑、家具、造船的用材植物资源主要有母生、苦楝、麻楝、山楝、潺槁木姜子、秋枫、海棠木、马占相思等。可制作乐器、工艺品的用材植物资源主要有黄牛木、波罗蜜、狗骨柴、山牡荆、山石榴、酒饼簕等。可制农具的植物资源主要有山椤、滨木患、马甲子、鹊肾树等。

2.3.4 果树植物资源

果树植物有 18 种，占总种数的 4.4%（附录 4）。直接食用价值较高的果树植物资源有荔枝、土坛树、龙眼、番石榴、洋蒲桃、岭南山竹子、阳桃、椰子树、量天尺、荸荠等。可加工制作果汁、果浆、果酒或果脯等成品的植物资源有酸豆、桑、桃金娘、刺篱木等。另外，还有野生荔枝林和野生龙眼林分布。

2.4 羊山珍稀濒危植物

羊山湿地有珍稀濒危植物 12 种。其中，国家 II 级重点保护野生植物 4 种，分别为水蕨、邢氏水蕨、水菜花与普通野生稻；海南省重点保护植物 8 种，分别是红花天料木、黄牛木、野生荔枝、野生龙眼、竹节树、假玉桂、见血封喉、牛筋果。其中，水菜花在中国仅存于海南，对水环境要求较高，目前生境较为脆弱，种群处境艰难，现存的种群表现退化趋势，保护工作刻不容缓。

2.5 羊山湿地入侵植物

参照海南植物图志、中国入侵种名录[37, 41]等，有入侵植物 31 种（表 2-5），隶属于 15 科 29 属，占调查植物总数的 7.7%。其中，草本入侵植物占绝对优势，占总入侵植物的 87.1%。入侵植物最多的科为菊科，共 8 种；其次为豆科，共 5 种。入侵植物来源地最多的洲是美洲，尤其是热带美洲，出现频度前 5 的入侵植物是凤眼莲、薇甘菊、鬼针草、南美蟛蜞菊、飞机草都来自美洲。因为首先美洲物种丰富，存在不少可构成入侵物种的资源；其次美洲与亚洲远隔重洋，物种隔离度高，一旦侵入很少有天敌；再者海南与美洲气候相似度高，利于入侵植物繁衍生息。因此，我们在引种植物的时候要慎之又慎。

表 2-5 羊山湿地入侵植物名录

序号	中文名	科名	拉丁名	类型	原产地	丰富度
1	皱子白花菜	白花菜科	*Cleome rutidosperma*	草本	热带非洲	##
2	飞扬草	大戟科	*Euphorbia hirta*	草本	热带非洲	###
3	蓖麻	大戟科	*Ricinus communis*	草本	非洲东北部	##
4	猪屎豆	豆科	*Crotalaria pallida*	草本	非洲	##
5	光荚含羞草	豆科	*Mimosa sepiaria*	灌木	热带美洲	###
6	含羞草	豆科	*Mimosa pudica*	草本	热带美洲	###
7	决明	豆科	*Cassia tora*	草本	热带美洲	##
8	望江南	豆科	*Cassia occidentalis*	灌木	热带美洲	##
9	马缨丹	马鞭草科	*Lantana*	灌木	热带美洲	###

续表

序号	中文名	科名	拉丁名	类型	原产地	丰富度
10	假马鞭	马鞭草科	*Stachytarpheta*	草本	中南美洲	##
11	刺苋	苋科	*Amaranthus spinosus*	草本	热带美洲	##
12	青葙	苋科	*Celosia argentea*	草本	印度	##
13	喜旱莲子草	苋科	*Alternanthera*	草本	南美洲	###
14	小叶冷水花	荨麻科	*Pilea microphylla*	草本	热带美洲	##
15	落地生根	景天科	*Bryophyllum*	草本	马达加斯加	##
16	鬼针草	菊科	*Bidens pilosa*	草本	热带美洲	###
17	飞机草	菊科	*Eupatorium odoratum*	草本	热带美洲	###
18	银胶菊	菊科	*Parthenium hysterophorus*	草本	北美洲	###
19	藿香蓟	菊科	*Ageratum conyzoides*	草本	中南美洲	###
20	南美蟛蜞菊	菊科	*Wedelia trilobata*	草本	南美洲	###
21	薇甘菊	菊科	*Mikania micrantha*	草本	中南美洲	###
22	假臭草	菊科	*Eupatorium catarium*	草本	热带美洲	##
23	金腰箭	菊科	*Synedrella nodiflora*	草本	热带美洲	##
24	凤眼蓝	雨久花科	*Eichhornia crassipes*	草本	热带美洲	###
25	仙人掌	仙人掌科	*Hylocereus undatus*	灌木	地中海	#
26	阔叶丰花草	茜草科	*Borreria latifolia*	草本	南美洲	##
27	水茄	茄科	*Solanum torvum*	草本	中南美洲	##
28	蕹菜	旋花科	*Ipomoea aquatica*	草本	东亚	##
29	风车草	莎草科	*Cyperus alternifolius*	草本	东非	##
30	铺地黍	禾本科	*Panicum repens*	草本	巴西	##
31	象草	禾本科	*Pennisetum purpureum*	草本	非洲	##

注：#越多表示丰富度越大，分布越广。

2.6 羊山湿地植被类型

参照《中国植被》[30]《中国湿地植被》[32] 中的分类原则、分类依据和分类单位，参考海南植被类型的相关文献 [42-43]，将记录的植物划分为阔叶林、灌丛、草丛和水生植物 4 个湿地植被型组、10 个植被型和 60 个群系（已去除只在 1 处样方中出现的群系）（表 2-6）。其中，植被型组是本湿地植被分类系统的最高级单位，植被型为植被分类系统中最重要的高级单位，群系是植被分类的中级单位，本书划分到群系为止。

表 2-6　羊山火山熔岩湿地植被类型

植被型组 (Vegetation type groups)	植被型 (Vegetation type)	群系 (Formation)	分布广度 (The width distribution)
阔叶林湿地植被型组	热带季雨林	厚皮树 + 潺槁木姜子群系	##
		苦楝 - 对叶榕群系	###
		短穗鱼尾葵 - 露兜树群系	##
		玉蕊群系	##
灌丛湿地植被型组	热带常绿灌丛	露兜树群系	###
		龙眼睛群系	###
		对叶榕群系	###
		山榕群系	###
		光叶藤蕨群系	##
		鹊肾树群系	##
		马缨丹群系	##
		露兜树 + 光叶藤蕨群系	##
		龙眼睛 + 山榕群系	##
		酒饼簕 + 刺篱木群系	##
		露兜树 + 对叶榕 - 薇甘菊群系	##
	热带半落叶灌丛	风箱树群系	##
		光荚含羞草群系	##
草丛草甸湿地植被型组	莎草型湿地植被型	茳芏群系	##
		硕大薹草群系	##
		水毛花 + 水蓼群系	##
		硕大薹草 + 凤眼莲群系	#
	禾草型湿地植被型	斑茅群系	###
		卡开芦群系	##
		膜稃草群系	###
		囊颖草群系	##
		普通野生稻群系	##
		膜稃草 + 蕹菜群系	##
		铺地黍 + 倒地铃群系	#
	杂草型湿地植被型	白花鬼针草群系	###
		薇甘菊群系	###
		南美蟛蜞菊群系	###
		光蓼群系	##
		野芋群系	###
		毛蓼群系	###
		毛草龙群系	##

续表

植被型组 (Vegetation type groups)	植被型 (Vegetation type)	群系 (Formation)	分布广度 (The width distribution)
草丛草甸湿地植被型组	杂草型湿地植被型	空心莲子草群系	##
		水角群系	##
		飞机草＋含羞草群系	##
		水蓑衣＋凤眼莲群系	##
		毛蕨＋野芋群系	###
		藿香蓟＋丰花草群系	##
		水角＋田基麻群系	#
水生植物湿地植被型组	挺水型植被型	蕹菜群系	##
		水龙群系	###
		高葶雨久花群系	##
		邢氏水蕨群系	#
		水烛＋蓉草群系	#
		蕹菜＋水蓼群系	##
		蕹菜＋大藻＋雾水葛群系	#
	浮叶植被型	水菜花群系	###
		水菜花＋邢氏水蕨群系	##
	飘浮型植被型	凤眼莲群系	###
		浮萍群系	##
		大藻群系	###
		凤眼莲＋蕹菜群系	##
		大藻＋水蓼群系	##
	沉水型植被型	四蕊狐尾藻群系	##
		龙舌草群系	#
		四蕊狐尾藻＋金银莲花群系	##

注：5 种湿地类型中只在 1 ~ 2 处出现分布广度为 #，3 ~ 4 处出现为 ##，5 处出现为 ###；共建群系的类型取第一种植物类型。

　　阔叶林植被 Margalef 丰富度指数 1.95 ~ 2.47、Shannon-Wiener 多样性指数 1.41 ~ 2.16、Pielou 均匀度指数 0.68 ~ 0.96。灌丛植被 Margalef 丰富度指数 2.56 ~ 5.58、Shannon-Wiener 多样性指数 2.10 ~ 2.89、Pielou 均匀度指数 0.80 ~ 0.94。草丛植被 Margalef 丰富度指数 2.39 ~ 5.78、Shannon-Wiener 多样性指数 2.42 ~ 3.38、Pielou 均匀度指数 0.83 ~ 0.90。水生植被 Margalef 丰富度指数 0.63 ~ 1.64、Shannon-Wiener 多样性指数 1.29 ~ 2.24、Pielou 均匀度指数

0.78～0.94。从植被类型与多样性指数得出，羊山火山熔岩湿地以热带草丛植被最为丰富，分布也最均匀，河岸、湖泊尤其是田洋湿地分布着大量的草丛沼生、水生，以禾本科、菊科、莎草科及蓼科（Polygonaceae）蓼属（*Polygonum*）分布最多。热带灌丛相对丰富，以原生植物露兜树和龙眼睛占绝对优势，桑科榕属（*Ficus*）也分布较广，但不少原生植物被入侵植物薇甘菊覆盖，处境堪忧。阔叶季雨林以厚皮树为主，不同生境下的阔叶林不管是群落丰富度还是均匀度都差别较大，受干扰较少的阔叶林常与苦楝、潺槁木姜子等共同构成群落，并有一定的层间藤本植物；而受干扰严重的季雨林常呈小片状分布于村旁或水库周边。水生植物种类不算多，但常成片分布或2～3种混生，群系却较多，尤其与其他湿地横向比较，丰富度与多样性都较高。总体来说，羊山火山熔岩地区水热条件好，湿地植被覆盖率高，不少群系存在2种或2种以上的共建种，符合热带植物区系特点，但因火山地貌且离城市近，受干扰较重，植被演替以灌草为主。

主要湿地类型植物多样性指数见表2-7。

表 2-7　主要湿地类型植物多样性指数

湿地类型 （Wetland types）	湿地植被类型 （Wetland vegetation type）	马加莱夫丰富度指数 （Margalef diversity-index）	香浓-维纳多样性指数 （Shannon-Wiener diversity index）	Pielou均匀度指数 （Pielou evenness index）
河流型 （样地1～4）	阔叶林湿地植被	2.23	1.41	0.68
	灌丛湿地植被	5.22	2.67	0.86
	草丛草甸湿地植被	4.78	2.98	0.83
	浮叶-漂浮-沉水植物湿地植被	1.12	1.61	0.78
湖泊型 （样地5～7）	阔叶林湿地植被	2.47	1.94	0.93
	灌丛湿地植被	5.58	2.89	0.90
	草丛湿地植被	5.51	3.28	0.88
	浮叶-漂浮-沉水植物湿地植被	0.75	1.42	0.79
水库型（样地8～13）	阔叶林湿地植被	2.39	2.16	0.94
	灌丛湿地植被	3.90	2.42	0.81
	草丛湿地植被	5.52	3.36	0.90
	浮叶-漂浮-沉水植物湿地植被	0.63	1.31	0.94

续表

湿地类型 （Wetland types）	湿地植被类型 （Wetland vegetation type）	马加莱夫丰富度指数 （Margalef diversity-index）	香浓-维纳多样性指数 （Shannon-Wiener diversity index）	Pielou均匀度指数 （Pielou evenness index）
田洋型（样地14～20）	阔叶林湿地植被	1.95	1.71	0.96
	灌丛湿地植被	2.56	2.10	0.88
	草丛湿地植被	5.65	3.47	0.91
	浮叶-漂浮-沉水植物湿地植被	1.64	2.24	0.90
森林或灌丛沼泽型（样地20～21）	阔叶林湿地植被	2.22	1.78	0.92
	灌丛湿地植被	3.27	2.34	0.94
	草丛湿地植被	2.39	2.42	0.90
	浮叶-漂浮-沉水植物湿地植被	0.72	1.29	0.80

总体来说，海口山火山熔岩湿地植被具有以下几个特征：

一是湿地植物种类组成非常丰富，大科集中现象明显，单种科比率较大，草本植物占绝对优势。湿地有维管束植物118科199属402种，其中7科有10种以上植物种类，占记录植物的32.8%，而50科只有1种植物，占总科数的42.4%，既反映出热带植物区系的多样性与复杂性，也折射出火山熔岩地区相对周边区域植被发育较晚的地域环境特点。另外有国家二级保护野生植物水菜花、水蕨、邢氏水蕨、普通野生稻和凤仙花科单属种植物水角（我国仅海南有分布），有较高的科研价值。入侵植物31种，以草本入侵植物占绝对优势，水葫芦与薇甘菊出现频率最高，对原生植被群系产生了严重影响。

二是湿地植被群系丰富，存在不少共建群系，且以热带草丛植被群系最为丰富，水生植被群系也很丰富。湿地有4个湿地植被型组，10个植被型和60个群系，湿地植被覆盖率高，存在23种共建群系，符合热带区系植物群系的特点。植被型组中以热带草丛植被最为丰富，有25个群系，丰富度与多样性最高，均匀度也最好，以禾本科、菊科、莎草科等为主；水生植被群系也很丰富，有18个群系，但群系多样性指数较低，与水生植物以单优种居多有关；热带灌丛群系相对丰富，以原生植物露兜树和龙眼睛占绝对优势；热带季雨林群系稀少，以苦楝、厚皮树为主，群落结构较单一。这是热带地区水热资源丰富与火山地貌受环境影响植被演替以灌草为主综合作用的结果。

三是不同湿地类型植被多样性指数存在一定差异。田洋型草丛Margalef丰富度指数与 Shannon-Wiener 多样性指数均最高，分别为 2.56 与 3.47，田洋型湿地受干扰最为严重，因而阔叶林植被十分贫乏，但终年大多覆水且水位深浅适宜，因而草丛植物与水生植物多样性最为丰富。水库型草丛植物丰富但水生植物 Margalef 丰富度指数最低，为 0.63，因水库水位较深，不适合水生植物生长，因而水生植被十分贫乏。河流型阔叶林植被 Pielou 均匀度指数最低，为 0.68，河流呈线状分布，周边生境变化较大，植被群系差异明显，因而均匀度指数最低。湖泊型灌丛 Margalef 丰富度指数较高，因湖泊受干扰相对较少，周边生境丰富，灌木伴生种类多，植被多样性指数高。以上不同类型湿地植被多样性指数差异是湿地类型与环境共同作用的结果。

3

植被类型 1：阔叶林湿地植被

3.1 阔叶林湿地植被类型

羊山阔叶林湿地植被包含 1 个植被型组即阔叶林湿地植被型组，1 个植被型即热带季雨林，4 个主要植物群系即苦楝 - 对叶榕群系、短穗鱼尾葵 - 露兜树群系、玉蕊群系与厚皮树 + 潺槁木姜子群系。

3.2 阔叶林湿地植被特点

羊山地区的地带性植物是阔叶林湿地植被型组下的热带季雨林。热带季雨林（tropical monsoon forest）是分布于热带，有周期性干、湿季节交替地区的一种森林类型，由较耐旱的热带常绿和落叶阔叶树种组成，且有明显的季相变化，与热带雨林相比，其树高度较低，植物种类较少，结构比较简单，优势种较明显，板状根和老茎生花现象不普遍，层间藤本、附生、寄生植物也较少。羊山湿地的热带季雨林常分布于林地中或村庄附近，离水际有一定距离，而此次调研为了保证湿地植物的纯粹性即使乔木样方往陆地方向延伸也不超 15m，所以阔叶林湿地植被并不丰富（表 3-1）。优势种有厚皮树、苦楝、潺槁木姜子、麻楝等，伴生种有短穗鱼尾葵、粗糠柴、倒吊笔、黄牛木、番石榴、木棉、白楸、小叶榕、乌桕、羽叶金合欢、鹧鸪麻等；偶有见血封喉、滑桃树、鱼木出现；另外，还有为了经济、防风等而人工种植的物种如木麻黄、槟榔、木瓜、荔枝、龙眼等。不同湿地类型阔叶林湿地植被 Margalef 丰富度指数与 Shannon-Wiener 多样性指数有一定差异，但相差并不是特别明显，湖泊与水库周边的阔叶林植被层次较丰富，并有一定层间藤本植物，多样性指数较高；河流型与田洋型湿地阔叶林植被层次也较为单一，Shannon-Wiener 多样性指数较低（图 3-1）。而 Pielou 均匀度指数河流型湿地明显低于其他几种类型，因河流线形更为明显，更利于乔木树种种类多样化。

表 3-1 阔叶林湿地植物多样性指数

湿地类型 （Wetland types）	马加莱夫丰富度指数 （Margalef diversity index）	香浓 - 维纳多样性指数 （Shannon-Wiener diversity index）	Pielou 均匀度指数 （Pielou evenness index）
河流型（样地 1 ~ 4）	2.23	1.41	0.68
湖泊型（样地 5 ~ 7）	2.47	1.94	0.93

续表

湿地类型 （Wetland types）	马加莱夫丰富度指数 （Margalef diversity index）	香浓 - 维纳多样性指数 （Shannon-Wiener diversity index）	Pielou 均匀度指数 （Pielou evenness index）
水库型（样地 8 ~ 13）	2.39	2.16	0.94
田洋型（样地 14 ~ 20）	1.95	1.71	0.96
森林或灌丛沼泽型 （样地 21）	2.22	1.78	0.92

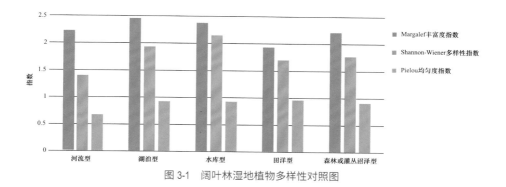

图 3-1　阔叶林湿地植物多样性对照图

　　河流湿地阔叶林乔木优势种有苦楝、厚皮树，平均高度为 4 ~ 6m，胸径以 8 ~ 15cm 居多，伴生有粗糠柴、番石榴、麻楝等，盖度为 50% ~ 80%；灌丛湿地植被丰富度较高，但优势种不多，植被群系也不多。湖泊周边分布的阔叶林与河溪相似，但伴生种与偶生种更为丰富，平均高度为 4 ~ 7m，群落盖度为 60% ~ 100%。季雨林优势种有厚皮树、潺槁木姜子等，林间伴生有多种藤本植物如白藤、牛筋藤、白花鱼藤等，盖度为 40% ~ 70%。水库型湿地干扰严重，伴生植物种类多，但结构相对不稳定。乔木优势种有厚皮树、苦楝，平均高度为 5 ~ 8m，胸径以 8 ~ 15cm 居多，伴生有粗糠柴、潺槁木姜子、倒吊笔、短穗鱼尾葵、麻楝、龙眼、木麻黄等，盖度为 50% ~ 80%。田洋边缘或田洋中分布有少量阔叶林，阔叶林层次单一，乔木种类少。乔木以玉蕊、苦楝为优势种。森林或灌丛沼泽常由林中涌泉渗出或地表水汇集低洼地形成，量不多、面积也不大，但植被自成特色。沼泽水面常有 30% ~ 70% 的植被覆盖率。乔木优势种有玉蕊，偶有鱼木出现。

3.3　羊山阔叶林湿地植被主要群系

3.3.1　苦楝群系

苦楝为楝科（Meliaceae）落叶乔木，是羊山地区季雨林落叶树种之一。苦楝群系为羊山湿地最常见的阔叶林群系，分布广，适生性强，耐干旱、瘠薄，也能生长于水边，但在深厚、肥沃、湿润的土壤中生长最好，常成群分布于羊山各类型湿地中。苦楝盖度一般在 40% ~ 70%；群系平均高度为 10 ~ 15m，郁闭度根据林下植物不同而相差明显，介于 0.3 ~ 0.9。此群系中灌木层与草本层都非常丰富，灌木层常见植物有对叶榕、鹊肾树、破布叶、山石榴、两面针、山小橘等；草本层常见植物有海芋、毛蕨、猪屎豆、假马鞭、白花鬼针草等；也有不少藤本植物攀附，如薇甘菊、掌叶鱼黄草、距瓣豆。苦楝分枝广展，落叶，花多色艳，芳香，极具观赏性，四季景观各有千秋，景观效果较佳。

与灌木搭配中苦楝 - 对叶榕群系出现频率最高，苦楝 - 鹊肾树搭配也有一定的出现频率，且两者景观特色各不相同。苦楝 - 对叶榕群系中对叶榕枝叶较稀疏开展，林下伴生与偶生植物较多，乔、灌、草层次更为丰富；但当藤蔓性植物攀缘过多尤其是入侵植物薇甘菊缠绕过密、群系郁闭度达 0.7 以上时，林下草本层植物明显减少（图 3-2）。苦楝 - 鹊肾树群系中，鹊肾树枝叶小而稠密，伴生种较少，群系层次相对简单，郁闭度为 0.3 ~ 0.7，且鹊肾树近球形核果可食，成熟时黄色，甚是诱人（图 3-3）。

3.3.2　玉蕊群系

玉蕊为玉蕊科（Lecythidaceae）常绿乔木，喜土层深厚富含腐殖质的砂质土壤，但也具较高的耐旱和耐涝能力，在羊山湿地田洋分布较多，河溪、湖泊周边与沼泽地也有一定量分布。叶大，长 12 ~ 80cm 或更长，宽 4 ~ 10cm，倒卵形。螺旋状排列与枝状花序生于枝顶，长达 70cm 以上。花茎 5 ~ 8cm，疏生于总花序轴上，往往一个花序轴上的许多朵花同时开放，粉红色的花朵排成一长串，且有较淡的香味，非常吸引人。群系盖度与郁闭度在不同湿地类型中相差很大，在田洋中盖度为 20% ~ 40%，郁闭度常在 0.3 以下；群系平均高度在 1.5 ~ 4m；而在湖泊或沼泽地周边盖度高，常为 60% ~ 85%，尤其是沼泽地群系盖度甚至可达 90% 以上，郁闭度常

图 3-2　苦楝群系（苦楝 - 对叶榕 - 薇甘菊）

图 3-3　苦楝群系（苦楝 - 鹊肾树）

在 0.7 以上，群系平均高度在 3 ～ 7m，这是因为田洋受干扰严重，玉蕊群系幼苗居多。灌木层伴生种与偶生种极少，有风箱树；草本层伴生种与偶生种一般，最常见为水菜花，其他还有薇甘菊、水葫芦等。调研中发现玉蕊出现的样地或样方水菜花出现频率非常高，这两种植物对环境的要求或相互之间是否有某种内在联系，则有待进一步研究。玉蕊的花有一个特点，晚间开放，白天闭合，粉红色的花朵在月光映射下悄然开放，犹如"月下美人"神秘多姿，另外，树形丰满，叶大可观，因此群系观赏价值高。

　　玉蕊是我国唐代中叶极负盛名的传统名花，但因栽培不普遍及时代的变迁，后来失传了。自宋代以来，人们对玉蕊的原植物说法很多，使人莫衷一是。经祁振声 10 多年考证，著名植物学家吴征镒先生首肯，确认玉蕊即山矾科的白檀（Symplocos paniculata）。该植物不仅有较高的观赏价值，亦有较高的生态价值和经济价值，应大力发展栽培，以使这一传统名花重放异彩。

　　玉蕊群系如图 3-4 所示。

图 3-4　玉蕊群系

3.3.3　短穗鱼尾葵 - 露兜树群系

短穗鱼尾葵为棕榈科（Palmae）小乔木状植物，植株丛生状生长，树形丰满且富层次感，常绿，高 5 ～ 8m；而配以灌木状分布的露兜树，层次分明，极具热带风情。此群系在羊山地区分布范围较广（图 3-5），但出现频度不是很高，河溪、湖泊、水库或田洋周边都有零星分布。群系总盖度大，一般大于 80%，短穗鱼尾葵盖度为 20% ～ 40%，露兜树盖度为 60% ～ 80%；群系平均高度在 4 ～ 7m，郁闭度在 0.8 以上；伴生种与偶生种较少，尤其是林下植物更少，有马缨丹、光叶藤蕨、薇甘菊等，且盖度较低，一般都低于 10%。短穗鱼尾葵株形美观，叶片翠绿，花色鲜黄，果实如圆珠成串；露兜树叶簇生于枝顶，三行紧密螺旋状排列，很是奇特，聚花果大，幼果绿色，成熟时为橘红色，可观性强。两种植物搭配，纵向与横向观赏层次都丰富，终年都有景可赏，景观效果佳。

图 3-5　短穗鱼尾葵 - 露兜树群系

3.3.4　厚皮树 - 潺槁木姜子群系

厚皮树为漆树科（Anacardiaceae）常绿乔木，是羊山湿地最常见次生林优势树种之一，适应性强，溪边、山坡及旷野林中都有分布，高以 3 ～ 6m 常见，目前尚未由人工引种栽培。潺槁木姜子是海口周边天然林优势树种,在羊山湿地中有一定量的分布,但出现频度低于厚皮树和苦楝,高 6 ~ 8m 居多。群系平均高度为 6 ~ 12m,郁闭度为 0.4 ~ 0.7,盖度为 40% ~ 80%。此混合群系中厚皮树常占绝对优势(图3-6),除这两种主要植物外,粗糠柴、黄牛木也有较高出现频率。乔木层伴生种还有短穗鱼尾葵、麻楝、番石榴、对叶榕、倒吊笔等;灌木层植物有鹊肾树、酒饼簕、两面针、马缨丹、破布叶、簕欓花椒等;草本层一般,以入侵植物与当地原生适应性强的草本植物为主,如白花鬼针草、假马鞭、含羞草、南美蟛蜞菊、海芋、冷饭团、落地生根等。此群系中厚皮树景观效果欠佳,潺槁木姜子花季有较佳的观赏效果,群系物种较多,有一定的植被丰富度,但色彩层次都稍显混乱,景观效果一般。

图 3-6　厚皮树 - 潺槁木姜子群系

4

植被类型 2：灌丛湿地植被

4.1 灌丛湿地植被类型

羊山灌丛湿地植被包含 1 个植被型组即灌丛湿地植被型组，2 个植被型即热带常绿灌丛与热带半落叶灌丛。热带常绿灌丛植被型包含 11 个群系，即露兜树群系、龙眼睛群系、对叶榕群系、山榕群系、光叶藤蕨群系、鹊肾树群系、马缨丹群系、酒饼簕 + 刺篱木群系、露兜树 + 光叶藤蕨群系、龙眼睛 + 山榕群系与露兜树 + 对叶榕 - 薇甘菊群系；热带半落叶灌丛植被型包含 2 个群系，即风箱树群系与光荚含羞草群系。

4.2 灌丛湿地植被特点

羊山地区的灌丛湿地植被相对较为丰富，包含群系也较多，其中热带常绿灌丛群系最为丰富。灌丛湿地植被广泛分布于各种湿地类型，不管是未受干扰的原生态生境，还是干扰严重的村庄或道路附近都有不少的分布。优势种原生植物有露兜树、龙眼睛、对叶榕、光叶藤蕨等，入侵植物有马缨丹、光荚含羞草。伴生种有鹊肾树、山榕、两面针、假鹰爪（*Desmos chinensis*）、刺篱木、酒饼簕、细叶裸实、大管、玉叶金花等。不同湿地类型灌丛植被 Margalef 丰富度指数相差明显，Shannon-Wiener 多样性指数与 Pielou 均匀度指数相差很不明显（表 4-1、图 4-1）。其中，湖泊型 Margalef 丰富度指数最高，而田洋型最低，因湖泊型湿地相对干扰较少，发育到羊山湿地植被最高阶段的类型较多，而羊山湿地植被总体发育是以灌草阶段为主，所以灌丛发育最为完善，物种丰富度高，并有一定层次；田洋型湿地受干扰最大，以草本阶段占绝对优势，乔木与灌木都稀少，层次也单调。Shannon-Wiener 多样性指数与 Pielou 均匀度指数相差很不明显，说明群落内灌木物种分布相对一致，这与前面调研的优势种灌木种类较多也相呼应。

表 4-1 不同类型灌丛湿地植被多样性指数

湿地类型 （Wetland types）	香浓 - 维纳多样性指数 （Shannon-Wiener diversity index）	Pielou 均匀度指数 （Pielou evenness index）
河流型（样地 1～4）	2.67	0.86
湖泊型（样地 5～7）	2.89	0.90
水库型（样地 8～13）	2.42	0.81
田洋型（样地 14～20）	2.10	0.88
森林或灌丛沼泽型 （样地 20～21）	2.34	0.94

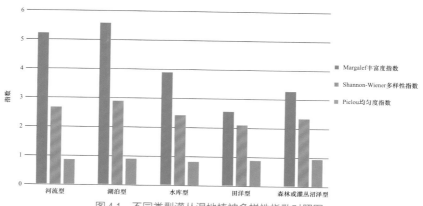

图 4-1　不同类型灌丛湿地植被多样性指数对照图

　　河流灌木优势种有露兜树、对叶榕、鹊肾树等，平均高度为 1.5 ～ 2.5m，伴生有两面针、假鹰爪、刺篱木、马缨丹、山榕等，盖度为 40% ～ 80%；林下有假蒟、南美蟛蜞菊、假臭草等，盖度大多在 70% 以上。另外，部分群落入侵植物薇甘菊攀附于乔木层之上，盖度可达 90% 以上，严重影响了原生植物生长。湖泊型灌丛植被 Margalef 丰富度指数最高，为 5.58，灌丛优势种有露兜树、酒饼簕，伴生种较多，有刺篱木、光荚含羞草、白饭树、细叶裸实、马缨丹、大管等。水库型灌木优势种有龙眼睛、山榕、对叶榕、露兜树等，平均高度为 1.5 ～ 2.5m，伴生有番石榴、马缨丹、假鹰爪、小簕竹等，盖度为 30% ～ 80%；田洋边缘或田洋中分布有少量热带乔灌丛，灌木以露兜树与对叶榕为主，盖度为 30% ～ 70%。森林或灌丛沼泽型湿地灌木优势种有露兜树、龙眼睛，伴生有雀梅藤、玉叶金花等。

4.3　羊山灌丛湿地植被主要群系

4.3.1　露兜树群系

　　露兜树为露兜树科（Pandanaceae）常绿分枝灌木或小乔木，在羊山湿地以灌木形式出现，常左右扭曲，具多分枝或不分枝的气根，叶簇生于枝顶，3 行紧密螺旋状排列，条形，长达 80cm，观赏性高。聚花果大，成熟时为橘红色。露兜树适生性强，常成群分布于各类型湿地中，为羊山地区最常见的原生植被群系（图 4-2）。群系盖度大，一般大于 80%，郁闭度在 0.7 以上；群系高度在 1.5 ～ 3m；灌木层伴生种有对叶榕、薇甘菊等，但如果薇甘菊盖度达 60% 以上，则露兜树生长受到严重影响；林下伴生种与偶生种少，有倒地铃、假马鞭、飞机草、海芋等，但盖度极低，大多低于 5%。露兜树群系叶多而密，螺旋状排列的叶片如图案般层叠有序，支柱根向四周生出，斜插进土中，给人一种别样美感，果大形似菠萝，观赏性高。

图 4-2　露兜树群系

4.3.2　龙眼睛群系

　　龙眼睛大戟科（Euphorbiaceae）为直立或蔓状灌木，在羊山湿地以蔓状为主，在春季开绿白色的花，果为圆球形，成熟时为红色。其分布较广，能耐一定水湿，在山坡地、水边、水中小岛上都生长良好，在羊山各类型湿地有分布，是羊山较常见的原生单优植被群系（图 4-3）。其群系盖度大，常为 70% ～ 95%，繁盛季节甚至达 98% 以上，因枝条蔓性明显，群系郁闭度也高，大多在 0.7 以上；群系高度在 1 ～ 1.8m，偶有高于 2.5m 的。灌木层伴生种很少，有山榕、马缨丹、白饭树等；草本层伴生种与偶生种一般，种类数量与龙眼睛盖度有很大关系，有斑茅、铺地黍、蛇葡萄、倒地铃等。龙眼睛在羊山湿地表现为半落叶，果小但多，四季景观各异，有一定的观赏价值。

图 4-3　龙眼睛群系

4.3.3　对叶榕群系

对叶榕为桑科（Moraceae）灌木或小乔木，在羊山湿地表现为灌木，对土质的要求不高，在不同的土壤中也能生长，在羊山湿地常见，在群系中主要以共建种与伴生种出现频率高，以优势种出现的频率一般。其叶长，甚至达25cm，榕果腋生或生于落叶枝上，或老茎发出的下垂枝上，陀螺形，成熟时为黄色。群系总盖度高，常为90%以上，对叶榕盖度为40%～80%，常附生有攀缘植物薇甘菊或掌叶鱼黄草等。如攀缘植物覆顶，群系郁闭度达0.9以上，对叶榕生长不良，群系高度为1.5～2.5m，林下植物稀少，盖度也低，景观效果不稳定，生长旺季时景观效果较好（图4-4），而攀缘植物枯萎季节景观萧条；如攀缘植物盖度低，群系郁闭度常在0.50～0.8之间，对叶榕生长良好（图4-5），群系高度为1.5～3.5m，林下植物丰富，海芋、金钮扣、蕨类植物出现较多。因对叶榕叶大，果生于老茎或枝上，十分奇特，果期长，有一定的景观效果。

图 4-4　对叶榕群系（攀缘植物多）

图 4-5　对叶榕群系（攀缘植物少）

4.3.4　山榕群系

　　山榕为桑科灌木或为匍匐状植物，生长地区海拔不高，多生于中海拔山谷或溪边潮湿地带，永庄水库周边分布丰富，田洋或河溪旁也有较高的出现频率，但常作为伴生种出现，作为优势种出现的频率并不高。群系总盖度变化较大，一般介于40%～80%。其郁闭度低，常在0.3以下；群系高度平均为0.3～0.8m，偶有高于1.2m的。共建种有龙眼睛；草本层植物发达，盖度也高，可达80%以上，有铺地黍、倒地铃、含羞草、弓果黍、南美蟛蜞菊等。山榕果实单生于叶腋或落叶枝上，观赏性较好，但花大多无观赏性，叶稀疏，枝头较零乱，景观效果不佳（图4-6）。由于枝呈匍匐状，可作半地被植物使用。

图 4-6　山榕群系

4.3.5　光叶藤蕨群系

　　光叶藤蕨为光叶藤蕨科（Stenochlaenaceae）植物，是羊山地区最主要的蕨类植物之一，附生藤本，根状茎横走攀缘，坚硬，木质。当成群生长以群系状态存在时更类似于灌木的效果（图4-7），因此，在此将其归于灌木群系。其分布较广，适生性强，常成群分布于河溪或田洋沿岸，昌旺溪沿岸分布较多。其群系盖度大，一般大于 80%，郁闭度在 0.8 以上；群系高度在 1～1.5m，偶有高于 1.8m 的。灌木层伴生种与偶生种很少，有马缨丹、山榕、斑茅等，且盖度极低，大多低于 5%；草木层很不发达，盖度也低。光叶藤蕨羽状叶大，叶片长达 30～100cm，新生叶呈现嫩红色，老叶绿色，有一定的色彩层次，景观效果较佳。除作景观观赏外，还可作护坡植物或围篱植物。

图 4-7　光叶藤蕨群系

4.3.6　鹊肾树群系

鹊肾树为桑科乔木或灌木，在羊山湿地表现为灌木特征，喜生于田边、稀疏灌丛中，核果近球形，直径约为 6mm，成熟时为黄色，可食，是当地人喜爱的野果之一。它在羊山湿地分布较广，尤以河溪、田洋边分布最多，常作为乔木林的中层植物或灌木林的伴生植物，出现频率较高，而作为群系出现的频率一般（图 4-8）。羊山湿地的鹊肾树大部分处于未成年树木，与成年树木盖度相差悬殊，所以群系盖度跨度大，一般在 30%～80%，郁闭度在 0.2～0.7，群系平均高度在 0.8～3.5m；灌木层伴生种少，有龙眼睛、山榕等；草本层盖度受群系郁闭度影响，郁闭度高则盖度低，植物种类有南美蟛蜞菊、白花鬼针草、青葙等。鹊肾树小枝较多，果虽小但多，色泽亮丽，中部微裂独特并可食，有一定观赏价值。

图 4-8　鹊肾树群系

4.3.7　马缨丹群系

马缨丹为马鞭草科（Rutaceae）直立或蔓性的灌木，单叶对生，揉烂后有强烈的气味，叶片为卵形至卵状长圆形，花冠为黄色或橙黄色，开花后不久转为深红色，全年开花，观赏性强，喜光与温暖湿润之处，但也耐高温、干旱，对土壤要求低，适生性较强。马缨丹作为伴生种在羊山湿地有非常高的出现频度，但作为群系出现的频率一般（图 4-9）。群系盖度一般在 30% ~ 70%，郁闭度在 0.2 ~ 0.6，群系平均高度在 1 ~ 2.0m；灌木层伴生种不多，有山榕、两面针等；草本层伴生种丰富，有含羞草、南美蟛蜞菊、飞机草、野芋、青葙、蛇葡萄等。马缨丹花虽较小，但多数积聚在一起，似彩色小绒球镶嵌或点缀在绿叶之中，且花色美丽多彩，每朵花从花蕾期到花谢期可变换多种颜色，观赏性佳，作盆栽或配景材料亦有较佳的景观效果。

图 4-9　马缨丹群系

4.3.8　酒饼簕 + 刺篱木群系

酒饼簕为芸香科（Rutaceae）植物，生长在平地或低丘陵的灌木丛中，内陆生于酸性土壤中，沿海能耐盐碱，有刺。花期为 5—12 月，果期为 9—12 月，在同一植株上常常花、果并茂。刺篱木为大风子科（Flacourtiaceae）落叶灌木，有刺，果期长，果实味甜肉质，可以生食。群系盖度在 50% ~ 80%，其中酒饼簕盖度在 30% ~ 60%，刺篱木盖度在 20% ~ 40%，郁闭度在 0.3 ~ 0.7，群系平均高度在 1.5 ~ 4m。灌木层伴生种有细叶裸实、福建茶、马缨丹、鸭胆子、白花丹等，偶有两面针；草本层盖度在 30% ~ 80%，植物种类较丰富，有咸虾花、夜香牛、倒地铃、天门冬、黄花稔等。群系小枝繁茂，两种植物果实味甜都可食，且花果期长，景观独特。除作景观观赏外，因刺、小枝较多，还可作围篱植物。

4.3.9　露兜树 + 光叶藤蕨群系

露兜树与光叶藤蕨在羊山湿地都有挺高的出现频率，但作为混合群系出现的频度一般，此群系（图 4-10）适生性强，在羊山各种湿地类型中都有分布。群系总盖度大，大多大于 90%，其中露兜树盖度在 60% ~ 80%，光叶藤蕨盖度在 60% ~ 90%，露兜树高度较高，为建群种；群系平均高度在 1.5 ~ 3m，郁闭度高，大多在 0.8 以上。灌木层伴生种极少，偶有对叶榕出现，且盖度极低，大多低于 5%；草本层植物较贫乏，有薇甘菊、野芋、毛蕨、节节草等。群系中露兜树平均高度比光叶藤蕨高，处于上层，光叶藤蕨除部分攀附外，往横向延伸，无论是纵向还是横向都有景可赏，另外，叶片螺旋状排列如图案，果大且美，光叶藤蕨新生叶呈现嫩红色，与老叶搭配色彩丰富，景观效果佳。但需控制光叶藤蕨的覆盖率，当覆盖率过大时，会影响露兜树的生长与景观效果。

图 4-10　露兜树 + 光叶藤蕨群系

4.3.10　龙眼睛 + 山榕群系

龙眼睛与山榕作为羊山湿地的原生植物，适应性广，出现频率都较高，但作为混合群系出现的频度一般（图 4-11），在永庄水库周边分布较多。群系盖度在 60% ~ 90%，其中龙眼睛盖度在 30% ~ 60%，山榕在 30% ~ 50%，两种植物都可能成为建群种，其中龙眼睛高度较高，盖度较大，为主要建群种，群系平均高度在 1 ~ 1.5m，郁闭度低，大多在 0.4 以下。灌木层伴生种极少，偶有对叶榕、两面针出现，且盖度极低，大多低于 10%；草本层盖度较高，可达 70% 以上，植物丰富，有铺地黍、含羞草、毛蕨、大叶油草、竹节草、白花鬼针草、蛇葡萄等。虽然龙眼睛与山榕果实有一定的观赏价值，龙眼睛果实成熟时为红色，山榕果生于叶腋或落叶枝上，但龙眼睛与山榕枝头都有一定蔓性，构成群系较零乱，群系景观效果一般。

图 4-11 龙眼睛 + 山榕群系

4.3.11 露兜树 + 对叶榕 - 薇甘菊群系

露兜树、对叶榕与薇甘菊在羊山湿地都有挺高的出现频率，混合群系出现频度也高，其中露兜树与对叶榕为原生植物，薇甘菊是最主要的入侵植物，在羊山各种湿地类型中都有分布。群系总盖度大，大多大于 80%，其中露兜树盖度为 60% ~ 80%，对叶榕盖度在 20% ~ 30%，薇甘菊盖度在 20% ~ 90%，露兜树为建群种；群系平均高度在 1.5 ~ 3m，郁闭度高，大多在 0.8 以上。灌木层伴生种极少，偶有斜叶榕出现，且盖度低，大多低于 5%；草本层植物不发达，且与薇甘菊盖度有直接的关系，薇甘菊盖度越大，草本层植物越贫乏，有野芋、毛蕨、白花鬼针草等。群系观赏性也与薇甘菊盖度有直接关系，当薇甘菊盖度小于 30% 时，群系生长良好，景观价值高（图 4-12）；当薇甘菊盖度大于 70% 时，观赏性随季节变化明显，薇甘菊繁花季节，白花几近满铺，景观价值较高，而薇甘菊枯萎季节，萧条零乱，景观价值低（图 4-13）。

图 4-12　露兜树 + 对叶榕 - 薇甘菊群系

图 4-13　露兜树 + 对叶榕 - 薇甘菊群系（薇甘菊枯萎季节）

4.3.12　风箱树群系

风箱树为茜草科（Rubiaceae）落叶灌木或小乔木，喜生于略荫蔽的水沟旁、田埂边，山坡潮湿地或溪畔，在羊山湿地中表现为灌木特征，适生性较强，出现频率较高，但并不是所有湿地类型都有，主要分布于田洋，水库与湖泊边也有一定量的分布，是羊山湿地为数不多的落叶灌丛群系。群系盖度在不同季节变化明显，繁盛季节盖度一般大于80%；群系高度在1.5～4m，郁闭度在0.7以上；落叶季节盖度一般为20%～50%；群系高度在1.5～4m，郁闭度在0.2～0.4。灌层伴生种少；草本层植物丰富度一般，盖度在30%～60%，有膜稃草、李氏禾、空心莲子草等。风箱树四季景观变化明显，春夏可赏花叶，头状花序似球形，花白色，繁花季节，灿若星空，观赏价值高（图4-14）；落叶季节，枝影扶疏，另有一种骨干美，也有一定观赏价值（图4-15）。

图4-14　风箱树群系（盛花季）

图 4-15 风箱树群系（新叶刚出季）

4.3.13 光荚含羞草群系

光荚含羞草为豆科（Leguminosae）落叶灌木，俗称簕仔树，由美国引入，有"绿篱之王"的美称，头状花序球形，洁白芳香，朵朵密集，蔚为壮观（图 4-16）。花期为 6—9 月。该种适应性强，生长迅速，在局部地区已成为不可控制的入侵物种，在羊山各类型湿地都有分布，是羊山湿地少有的几种落叶灌丛群系。群系盖度与郁闭度四季变化明显，盖度介于 30% ～ 90%，繁盛季节大多大于 80%，落叶季节则在 40% 以下；郁闭度介于 0.1 ～ 0.9，繁盛季节大多大于 0.7，落叶季节则在 0.2 以下；群系高度在 2.5 ～ 6m。灌木层伴生种极少，有马缨丹等，盖度低，大多低于 10%；草本层植物也不发达，有青葙、南美蟛蜞菊等。光荚含羞草繁盛季节枝繁叶茂，株形饱满，花多色白，如雪似絮，落叶季节枝影稀疏，四季景观各异，观赏价值高。

图 4-16　光荚含羞草群系

5

植被类型3：草丛草甸湿地植被

5.1　草丛草甸湿地植被类型

羊山灌草丛草甸湿地植被包含 1 个植被型组，即草丛草甸湿地植被型组，3 个植被型，即莎草型湿地植被型、禾草型湿地植被型与杂草型湿地植被型。莎草型湿地植被型包含 4 个群系，即莞芏群系、硕大薹草群系、水毛花 + 水蓼群系与硕大薹草 + 水葫芦群系；禾草型湿地植被型包含 7 个群系，即斑茅群系、卡开芦群系、膜稃草群系、囊颖草群系、普通野生稻群系、膜稃草 + 蕹菜群系与铺地黍 + 蛇葡萄群系；杂草型湿地植被型包含 14 个群系，即白花鬼针草群系、薇甘菊群系、南美蟛蜞菊群系、光蓼群系、野芋群系、毛蓼群系、毛草龙群系、空心莲子草群系、水角群系、水蓑衣 + 凤眼莲群系、毛蕨 + 野芋群系、藿香蓟 + 丰花草群系、飞机草 + 含羞草群系、水角 + 田基麻群系。

5.2　羊山草丛草甸湿地植被特点

羊山地区的草丛草甸湿地植被丰富，包含群系也最多，其中又以杂草型湿地植被群系最为丰富。草丛草甸植被广泛分布于各种湿地类型，不管是未受干扰的原生态生境，还是干扰严重的村庄、道路或田洋附近，都有丰富的分布，且发育最为完整，物种类型也会随季节变化而更替，是羊山地区最绚丽多彩的植被。优势种原生植物有斑茅、野芋、毛蕨、光蓼、毛蓼、水蓼等，入侵植物有薇甘菊、白花鬼针草、空心莲子草等。伴生种海芋、青葙、金腰箭、铺地黍、假臭草、水角、田基麻、膜稃草、囊颖草、莞芏、卡开芦、类芦等，种类非常丰富，偶有黄花美冠兰、石龙尾、中华石龙尾等出现。热带食虫植物猪笼草在潭丰洋也有出现，其拥有一个独特的吸取营养的器官——捕虫笼，捕虫笼呈圆筒形，下半部稍膨大，笼口上有盖子，形状独特。除森林或灌丛沼泽型外，其他几种类型的湿地 Margalef 丰富度指数都很高，Shannon-Wiener 多样性指数也高，尤其是田洋型，因为田洋型湿地受干扰频度最大，以草本阶段占绝对优势，且田洋水位有规律变化，水稻田营养物质丰富，非常利于草本植物繁衍。各湿地类型 Pielou 均匀度指数都较高，且相差很小，说明各湿地类型草丛草甸湿地物种分布较接近平衡，以某一种物种占绝对优势的现象很少（表 5-1、图 5-1）。

表 5-1　不同湿地类型草丛草甸湿地植被多样性指数

湿地类型 （Wetland types）	马加莱夫丰富度指数 （Margalef diversity index）	香浓 - 维纳多样性指数 （Shannon-Wiener diversity index）	Pielou均匀度指数 （Pielou evenness index）
河流型（样地 1～4）	4.78	2.98	0.83
湖泊型（样地 5～7）	5.51	3.28	0.88
水库型（样地 8～13）	5.52	3.36	0.90
田洋型（样地 14～20）	5.65	3.47	0.91
森林或灌丛沼泽型（样地 20～21）	2.39	2.42	0.90

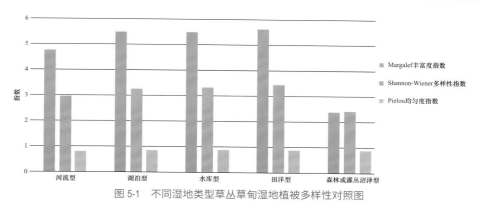

图 5-1　不同湿地类型草丛草甸湿地植被多样性对照图

河流草本植物以斑茅、薇甘菊、野芋、毛蕨等为优势种，盖度在 70% ～ 100%，伴生有菜蕨、节节草、蛇葡萄、含羞草、白花鬼针草等。而白水塘湿地草本植物丰富，水生植物种类相对较少。草本植物盖度大多在 80% 以上，常见有蓼科蓼属植物、莎草科植物，也有飞机草、白花鬼针草、含羞草等入侵植物，伴生与偶生种植物种类较多，偶见有水角。水角为凤仙花单种属，仅海南有分布，对研究凤仙花科的系统发育有极重要的价值[6]。水库型草丛沼生植物丰富而水生植物十分稀少，与水库水位有关，大部分人工驳岸处水位深，对水生植物生长不利，而土岸蜿蜒与周边陆地相嵌处，水位周期变化，有利于草丛沼生植物生长。水库型草本植物以斑茅、薇甘菊、飞机草等为优势种，伴生有海芋、青葙、金腰箭、铺地黍、假臭草等，盖度在 70% ～ 100%。永庄水库消落带分布有大面积龙眼睛 + 山榕 + 铺地黍。田洋几乎终年都覆水且水深一般不超过 0.5m，以草丛与水生植物占优势，草丛植被丰富度与多样性最好，田洋型草本植物中优势种有膜稃草、囊颖草、茳芏、毛蓼、野芋等，盖

71

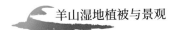
度在 50% ～ 100%，伴生植物种类繁多，以禾本科、莎草科、蓼科蓼属、柳叶菜科（Onagraceae）丁香蓼属（*Ludwigia*）为主，普通野生稻与水角出现频率也较高。

5.3　羊山草丛湿地植被主要群系

5.3.1　茳芏群系

茳芏为莎草科（Cyperaceae）多年生草本植物，常生长在湿地、稻田中、河边和水边，有穗状花序，为小花绿褐色，也可人工栽培。茳芏的茎可编席，又为改良盐碱地的优良草种。它在羊山湿地中出现频率一般，田洋分布较多，河溪中也有一定量分布，常作为单一优势种成片分布（图 5-2），也有与其他草本植物形成混合群系的。群系盖度较大，一般大于 60%；群系高度在 0.5 ～ 1.0m，不同季节高度会有所变化。伴生种与偶生种不多，有水蓼、水毛花等。茳芏叶柔美，生长旺季时绿油油一片，生机盎然，且自然生长的茳芏群系边缘线蜿蜒曲折，极具韵律之美，景观价值高。

图 5-2　茳芏群系

5.3.2　硕大藨草群系

　　硕大藨草为莎草科草本，具匍匐根状茎，秆散生，高可达 120cm 以上，喜生长在潮湿处及浅水塘中，在羊山湿地田洋中分布较广，在田地荒芜季成群成片分布（图 5-3）。当作为单一优势种群系出现时盖度大，一般大于80%；群系高度在 1 ～ 1.2m，偶有高于 1.4m 的。当有其他建群种或伴生种较多时，群系总盖度在 60% ～ 90%，硕大藨草盖度为 30% ～ 70%，伴生种有水葫芦、水蓼、水龙、膜稃草、毛蓼等。硕大藨草当成片生长时，绵延一片，蔚为壮观！当伴生种有一定盖度时，由于伴生种低矮，则群系景观高低错落，疏密有致，观赏价值较高。

图 5-3　硕大藨草群系

5.3.3　水毛花 + 水蓼群系

　　水毛花为莎草科多年生草本，根状茎粗短，无匍匐根状茎，具有细长须根，花果期为 5—8 月，适生性强，广布于全国绝大部分地区，是羊山湿地中莎草科植物最常见种类，喜生于田洋中、水塘边、沼泽地、溪边、湖边等。水蓼为蓼科蓼属一年生草本，直立或下部伏地，茎为红紫色，披针形或椭圆状披针形，叶互生；穗状花序腋生或顶生，细弱下垂，花为淡绿色或淡红色。此混合群系盖度较大，一般介于 50% ~ 90%，水毛花占绝对优势，水毛花盖度常为 50% ~ 80%，水蓼盖度为 10% ~ 20%；群系高度在 0.5 ~ 1.0m，偶有高于 1.2m 的；伴生种与偶生种丰富，种类有毛蓼、硕大薹草、水龙、膜稃草、水葫芦、咸虾花、泥花草等。此群系中水毛花茎修长纤细，比水蓼高，花、叶形态与水蓼都能形成对比，群系成片生长时郁郁葱葱，且伴生种随季节变化会有所不同，景观效果佳（图 5-4）。另外，水毛花茎的纤维质量很好，可造打字纸、胶版纸和小泥袋纸等，茎叶亦可编草鞋、编席等，幼嫩茎叶还可作牲畜饲料。

图 5-4　水毛花 + 水蓼群系

5.3.4　硕大薹草 + 凤眼莲群系

硕大薹草具有匍匐根状茎，秆散生，植株高在 100 ~ 120cm，喜生长于潮湿处及浅水中。凤眼莲为浮水草本，高 30 ~ 60cm，须根发达，长可达 30cm，但茎极短，具有长匍匐枝。匍匐枝为淡绿色或带紫色，与母株分离后长成新植物。穗状花序大而美丽，花为浅蓝色，呈多棱喇叭状，上方的花瓣较大，花瓣中心生有一明显的鲜黄色斑点，形如凤眼，也像孔雀羽翎尾端的花点，非常亮丽。这两种植物在羊山湿地都有较高的出现频率，尤其是作为入侵植物的凤眼莲出现频率极高，但作为混合群系在羊山湿地分布并不广泛，主要在田洋湿地出现。此群系盖度较大，一般介于 50% ~ 90%，两种植物盖度在不同环境会有所不同，有时硕大薰草占优势，有时凤眼莲占优势；硕大薰草盖度常为 30% ~ 60%，凤眼莲盖度常为 30% ~ 50%；群系高度常介于 0.8 ~ 1.2m；伴生种与偶生种并不丰富，种类有毛蓼、大黍、水莎草等。此群系两种植物姿形、高度、质感、色彩都差别较大，统一感有所欠缺，景观效果一般（图 5-5）。

图 5-5　硕大薰草 + 凤眼莲群系

5.3.5　斑茅群系

斑茅为禾本科（Gramineae）多年生高大丛生草本植物，秆粗壮，高为 2 ~ 4m。作为本区域出现频率前 10 名的本土植物，斑茅生命力旺盛，对土壤要求不严，耐旱也能耐一定水湿，适应力强，山坡、水边皆可生长，荒地常成群成片生长，是羊山常见的原生单优群系。群系盖度几乎在 70% 以上；群系平均高度在 2 ~ 4m，偶有达 5m 以上的。林下伴生种不多，含羞草、南美蟛蜞菊、白花鬼针草等入侵植物出现频率较高，其他植物出现频率较低。斑茅群系大型圆锥花序配以柔软修长枝叶迎风摇摆，令心神随之荡漾，当成片连绵生长时远观蔚为壮观，散植于水边时也极具野趣，景观价值较高（图5-6）。另外，嫩叶可作牛马的饲料；秆可编席和造纸。

图 5-6　斑茅群系

5.3.6　卡开芦群系

卡开芦为禾本科多年生苇状草本，秆高大直立，圆锥花序大且具稠密分枝与小穗，在羊山湿地分布不广，主要分布于田洋，新旧沟湿地分布较多，永庄水库周边田洋也有一定量分布。群系盖度大，一般大于85%；群系平均高度在3～6m；伴生种与偶生种很少，有薇甘菊、毛蕨、野芋等，盖度可达10%～20%，其他种类盖度都极低，大多低于5%。卡开芦生长密集，其群系高高的芦秆、细长的叶子，加上大型圆锥花序，观赏价值高（图5-7）。

5.3.7　膜稃草群系

膜稃草为禾本科多年生草本，秆较粗壮，具多数节，下部常匍匐地面，节上轮生多数须根，直立部分可达1m，喜生于溪河边和沼泽浅水处，在羊山湿地分布较广，田洋分布最多，可作为单一种成片分布，也可作为建群种与其他草本植物共生。群系盖度变化较大，一般在 40% ~ 90%；群系高度在 0.3 ~ 0.6m，偶有高于 1.0m 的。伴生种与偶生种多，盖度在 5% ~ 20%，有水葫芦、水蓼、李氏禾、蕹菜、草龙、细花丁香蓼、大藻等。膜稃草群系满铺时叶不致密，可观赏性不强，但与伴生种相互镶嵌或在水面自然蔓延时，有一定虚实光影变化，也有一定景观效果（图 5-8）。

图 5-7　卡开芦群系

图 5-8　膜稃草群系

5.3.8 囊颖草群系

囊颖草为禾本科一年生草本植物，通常丛生。其秆基常膝曲，常见于路旁潮湿地、田间、水边等地，适生性强，在羊山湿地分布广，在田洋、水库消落带、湖泊等都有分布。群系盖度大，一般介于 40% ~ 90%；群系高度在 0.3 ~ 0.6m，偶有 0.8m 高的。伴生种与偶生种较多，有蕹菜、草龙、大薸、普通野生稻、水蓼等，偶有雾水葛出现。囊颖草群系满铺时叶致密如地毯，观赏性较高，与伴生种相互镶嵌或在水面自然蔓延时，有一定虚实光影变化，且不同季节与不同生长环境下的膜稃草植株纤细、叶片颜色有一定变化，观赏价值较高（图 5-9）。

图 5-9　囊颖草群系

5.3.9 普通野生稻群系

普通野生稻为禾本科多年生水生草本，国家二级保护植物，分布较广，适生性强，对土壤选择不严，在黏土、壤土、沙壤土上均能生长，但更喜阳光充足、低洼或积水的浅水层沼泽地，羊山湿地分布较广，田洋中分布最多，湖泊、河溪中也有一定量分布。群系盖度变化较大，分布于田洋的群系盖度大多大于 70%，而在其他分布点，群系盖度一般介于 40% ~ 70%；群系高度在 0.3 ~ 0.8m。伴生植物有马蹄、碎米莎草、囊颖草、水蓼、蓉草、草龙等，偶有毒芹出现。普通野生稻群系生长季与栽培稻相似，绿油油一片，生机勃勃，但成熟季稻穗远不如栽培稻黄澄澄一片，景观价值一般（图 5-10）。另外，普通野生稻是栽培稻的近缘祖先，蕴藏着丰富的优异基因，能为水稻育种提供珍贵的遗传资源。

图 5-10　普通野生稻群系

5.3.10　囊颖草 + 蕹菜群系

囊颖草为丛生一年生草本，枝叶较致密，且不同季节与不同生长环境下的囊颖草色彩有一定变化，观赏价值高。蕹菜本是作为一种蔬菜广泛栽培，在羊山湿地亦为野生状态，蔓生或漂浮于各类湿地水面上。这两种植物在水缘与水中都能生长，适应性强、分布广，但作为混合群系在羊山湿地出现频率不是很高。群系盖度大，一般大于85%；群系高度平均介于 0.2 ~ 0.6m；伴生种与偶生种一般，但盖度较低，一般不超过 10%，有大薸、水蓼等。囊颖草枝叶细密，色彩有一定变化，从深绿到嫩黄都有，蕹菜枝叶较疏较大，颜色深绿，两者搭配，使群系质地、疏密、色彩都有一定对照，景观效果佳（图 5-11）。

图 5-11 囊颖草 + 蕹菜群系

5.3.11 铺地黍 + 倒地铃群系

铺地黍为禾本科多年生草本植物，根系发达，具有广伸粗壮的根茎，秆直立，生命力甚强，在路边、山坡草地、稻田边、近海沙地或旱地都能生长，是一种恶性杂草，但在羊山湿地分布不是很广泛。倒地铃是无患子科草质攀缘藤本，圆锥花序少花，蒴果为梨形、陀螺状倒三角形或有时接近长球形，有较佳观赏特性，在田野、灌丛、路边和林缘都能生长，对土壤要求不严，喜温暖、阳光充足之处，不耐寒，羊山地区分布较广，但都作为群系伴生种出现。虽然这两种植物生命力都较强，但此混合群系在羊山湿地出现频率并不很高，在新旧沟田洋湿地中的凸地与永庄水库的消落带有一定量的分布。群系盖度大，一般大于 90%；群系平均高度介于 0.4 ～ 0.8m；伴生种与偶生种较少，有蛇葡萄、藿香蓟等。铺地黍茎柔韧，叶细长，叶色翠绿，当满铺地表时，郁郁葱葱，有一定的景观效果。其上随意散置倒地铃，任其自由生长，倒地铃蒴果膨大似铃铛，亦似元宵节所提的灯笼，在铺地黍的陪衬下更显可爱（图5-12）。

图 5-12　铺地黍 + 倒地铃群系

5.3.12　白花鬼针草群系

白花鬼针草为菊科一年生直立草本，是入侵植物，高 30 ～ 100cm，分布广，适生性强，在路旁、溪畔、郊野都可成群分布，可作为草本层建群种出现，也可作为乔木、灌木群系的林下植物出现，羊山各类型湿地都有很高的出现频率。群系盖度大，一般大于 80%；群系平均高度在 0.3 ～ 0.8m，偶有高于 1.0m 的。伴生种较多，但大部分都为入侵植物或适生性强的本土原生植物，有含羞草、青葙、南美蟛蜞菊、掌叶鱼黄藤、薇甘菊、野葛等。白花鬼针草群系花期较长，花瓣为黄白色，花心为黄色，映衬于绿叶之中，如繁星点点，有一定的色彩层次，景观效果较佳（图 5-13）。

5.3.13　薇甘菊群系

薇甘菊原产于中、南美洲，是一种菊科草质藤本植物，喜光好湿，具有超强繁殖和攀缘能力，一个晚上可生长 15 ～ 20cm。它只要一生根就将攀着植物向上疯长，可攀缘到 10m 高的树枝上形成巨大的覆盖层，使植物因光合作用受到破坏、缺乏营养而窒息死亡，形成一个个巨大的"绿色坟墓"。另外，薇甘菊还会分泌一种"他感"物质并通过根系渗入泥土，从而对其他植物产生抑制作用，影响其生长，是一种恶性入侵植物。薇甘菊群系无论是在水边还是在水中突起的陆地，都生长良好，是目前羊山湿地分布最广、破坏力最大的外来入侵植物，严重危害了原生地物种的生物多样性。群系盖度大，一般大于90%，甚至可达100%；群系高度依据其攀附物高度不同而变化，当匍匐于地时，群系高度为0.2～0.6m。因其覆盖力非常强，当盖度达到98%以上时，几乎没有伴生草本；当盖度在95%以下时，草本伴生种与偶生种有野芋、紫芋、海芋、假臭草、白花鬼针草、鬼针草等。薇甘菊群系在不同季节观赏价值不同，在生长季节，它郁郁葱葱；在开花季节小花密集，观赏价值较高（图5-14）；在枯萎季节，一片萧条零乱，无景观价值而言。

5.3.14　南美蟛蜞菊群系

南美蟛蜞菊为菊科（Compositae）多年生草本，茎匍匐，喜干、热环境，更喜好湿润土壤和适度的遮阴，生性强健，耐旱又耐湿，在潮湿至干旱的地方及瘠薄的土壤内都能正常生长，有一定的耐盐碱性，是优良的先锋植物和裸地恢复植物。其头状花序为黄色，中等大小，但花期极长，终年可见花，尤以夏至秋季为盛，观赏价值较高。此群系在羊山湿地分布广泛，坡地、林下、水缘都有分布，各种类型湿地也都有分布，在生长环境恶劣地如少土干旱的斜坡上更易形成单优群系。群系盖度大，一般大于85%；群系平均高度介于0.2～0.4m；伴生种与偶生种很少，且盖度极低，一般不超过5%，有倒地铃、水蓼等。此群系盖度大，黄色花艳丽，花期长，配以几乎满铺地表的绿叶，景观效果较佳（图5-15）。

但南美蟛蜞菊定居后的许多群落类型，使本土植物生境发生变化或丧失，严重影响生态系统的结构和功能，是一种严重的入侵植物。建议种植在易于控制边界的生境内，让其只能生长于有限的空间范围内而不至于盲目扩展，例如采用人工建筑固定的围墙、人行道或其他景观隔开的方法可有效防止南美蟛蜞菊泛滥扩展。

图 5-13 白花鬼针草群系

图 5-14 薇甘菊群系

图 5-15 南美蟛蜞菊群系

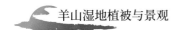

5.3.15 光蓼群系

光蓼为蓼科（Polygonaceae）一年生草本，茎直立，高 70 ～ 100cm，少分枝，无毛，节部膨大；叶为披针形或长圆状披针形，总状花序长，呈穗状，花排列紧密，通常由数个穗状花序组成圆锥状或苞片漏斗状，花为白色或红色；潮湿地、水边或水中皆可生长，对土壤要求不严，在羊山湿地分布较广，在河溪、田洋湿地分布最多。群系盖度一般介于 50% ～ 85%；群系平均高度在 0.7 ～ 1.0m。伴生种与偶生种较多，有李氏禾、香附子、空心莲子草、毛蓼、肖梵天花、天门冬、竹节草、水龙等。光蓼群系叶狭长深绿，红色小花多而致密，盛花季节，一串串花红似火，如为白色花，有一种轻盈、俊逸之态，有较高景观价值（图 5-16）。

图 5-16　光蓼群系

另外，同科属的水蓼、二歧蓼等在羊山湿地也有较高的出现频率，花开时节，也有一定的观赏价值。

5.3.16 野芋群系

野芋为天南星科多年生草本，叶如倒卵形，佛焰苞紫色，叶片幼时内卷如独角状，似"小荷才露尖尖角"，故也叫独角莲。其喜温和湿润气候，但也能耐寒、耐阴与耐旱，对土壤要求不严，在羊山湿地分布广泛，各类型湿地都有分布，以田洋与河溪湿地分布最多。群系盖度一般，一般介于 40% ~ 70%；群系高度在 0.3 ~ 0.6m。野芋叶柄细长，下部空间较多，伴生种与偶生种较多，有毛蕨、菜蕨、蓉草、毛蓼、节节草、火炭母、鬼针草、薇甘菊等，偶有水烛出现，当毛蕨或蓉草等达到一定盖度时，可形成混合群系。野芋群系花、叶、果皆可观赏，且伴生种类较多，能形成一定的景观层次，观赏效果较佳（图 5-17）。

图 5-17　野芋群系

5.3.17　毛蓼群系

　　毛蓼为蓼科一年生草本，茎直立，披针形叶两面疏生短柔毛，穗状花序，花为白色或淡红色，喜生长于潮湿环境，如水旁、田边、路边湿地等，在羊山湿地分布广泛，尤以季节性变化的水域生长最好。群系盖度一般介于 40% ~ 80%；群系高度在 0.4 ~ 0.8m，偶有 1.0m 高的，与水蓼一样可生长于水中也可生长于水边，群系伴生种随生长环境有一定的变化。生长于水边的毛蓼群系伴生种有节节草、空心莲子草、水蓼、海金沙等；生长于水中的毛蓼群系伴生种有水葫芦、空心菜、水龙等。毛蓼较水蓼茎粗壮，生长季节枝叶绿油油一片，繁花季节，一串串穗状花序热烈奔放，甚是美观，景观价值较高（图 5-18）。

图 5-18　毛蓼群系

5.3.18　毛草龙群系

毛草龙为柳叶菜科（Onagraceae）亚灌木状多年湿生草本，茎直立，密生粗毛，茎部往往随着生长而逐渐木质化，使其形态看起来似小灌木，在羊山湿地分布较广，以田洋湿地分布最多。群系盖度不大，一般为 30% ~ 60%；群系高度在 0.4 ~ 0.8m，也有高于 1.0m 的。伴生种与偶生种不少，灌木有马缨丹、山榕等，但出现频率低，草本伴生种丰富，有耳草、水龙、节节草、光蓼、空心莲子草等。毛草龙群系茎叶稀疏，在未开花结果季节，观赏功能较差；但在花果季节，其花为黄色，亮丽，绿色至红褐色的蒴果呈长圆筒状，加上蒴果的中央部分微微弯曲，貌似迷你的小香蕉，景观效果佳（图 5-19）。

与此种十分相似种为草龙，为柳叶菜科一年生直立草本，植株外形与毛草龙极为相似，但茎上无毛，茎基部常木质化，高 60 ~ 200cm，花为黄色，蒴果幼时近四棱形，熟时近圆柱状，在水中、水边皆能生长，在羊山湿地分布也较广泛。

图 5-19　毛草龙群系

5.3.19　空心莲子草群系

空心莲子草为苋科多年生草本，茎基部匍匐，上部上升，管状，花密生，白色，花期较长，喜欢生于池沼与水沟内，1930 年引种进入中国，现已成为危害性极大的入侵物种。它在羊山湿地分布广泛，各类湿地都有分布，尤以田洋湿地分布最多，常生于水缘，极少生于水中。群系盖度较大，常大于 70%；群系高度与土壤环境有较大关系，土壤肥沃之处较高，在羊山湿地普遍较低矮，常介于 0.3 ～ 0.8m；伴生种较多，有竹节菜、大叶油草、李氏禾、水蓼等。空心莲子草盖度较大，生长较整齐，白花小，但花期较长，景观效果一般（图 5-20）。

5.3.20　水角群系

水角是凤仙花科（Balsaminaceae）水角属下多年生水生草本，国内仅分布于海南，由于生境变化，其分布范围十分狭窄，但在羊山湿地分布较为广泛，生于湖边、沼泽湿地或水稻田；茎长，直立或浮水而节上生根，枝粗，五棱形，中空；线状披针形叶互生；总花梗腋生，通常有 3 朵花，5 片花瓣，全部分生，苞片为长圆形，早落，花以红色居多，或带杂色、白色等；核果浆果状，近球形，成熟时为紫红色。群系盖度一般，多介于 40% ～ 80%；群系高在 0.4 ～ 0.8m。伴生种与偶生种一般，伴生种有田基麻、水蓼、毛蓼、耳草、水龙、空心莲子草等。水角花色以粉红色为主，明艳，亮丽，在绿叶的衬托下更显娇美，群植一片，远远就能望见，有较佳的景观效果（图 5-21）。另外，凤仙花科仅有水角属和凤仙花属两个属，其中水角属为单种属，对研究凤仙花科有比较高的学术价值。

5.3.21　飞机草 + 含羞草群系

　　飞机草是菊科多年生草本植物，根茎粗壮，横走，茎直立，高 1 ～ 3m。飞机草的适应能力极强，在干旱地、瘠薄荒地、路旁、水边地甚至石缝都能生长，在羊山湿地分布较广，除森林沼泽型外，其他类型湿地都有分布。因飞机草高且枝叶较稀疏，低矮草本植物种类多，最常见的为可与之形成建群种的含羞草，形成飞机草 + 含羞草群系。含羞草为多年生草本或亚灌木，由于叶子会对热和光产生反应，受到外力触碰会立即闭合，所以得名含羞草，其花似绒球，白色或粉红色，可赏。飞机草 + 含羞草群系总盖度一般介于 60% ～ 90%，其中飞机草盖度在 40% ～ 70%，含羞草盖度在 20% ～ 50%；群系平均高度在 1.2 ～ 1.8m，偶有高于 2.2m 的。其他伴生种与偶生种一般，有假臭草、白花鬼针草、南美蟛蜞菊等。含羞草与一般植物不同，它在受到人们触动时，叶柄下垂，小叶片合闭，有一定趣味性，且花美、荚果与羽状叶都可赏，观赏价值高；但飞机草枝叶稀疏，景观价值不高，且有枯叶时更加零乱，而此混合群系中飞机草为优势种，又处于群系上层，所以此混合群系景观价值一般（图 5-22）。

图 5-20　空心莲子草群系

图 5-21　水角群系

图 5-22　飞机草 + 含羞草群系

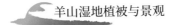

5.3.22 水蓑衣＋凤眼莲群系

水蓑衣为爵床科（Acanthaceae）草本，高 80cm，茎为四棱形；幼枝有白色长柔毛，花小，簇生于叶腋，喜生于溪沟边或洼地等潮湿处。凤眼莲为浮水草本，高 30 ～ 60cm，茎极短，具长匍匐枝。匍匐枝为淡绿色或带紫色，与母株分离后长成新植物，穗状花紫蓝色，花瓣中心生有一明显的鲜黄色斑点，形如凤眼。凤眼莲生命力旺盛，繁殖力极强，是全球 100 大入侵植物之一，也是羊山湿地最严重的入侵植物。凤眼莲覆盖力极强，当盖度达到 95% 以上时，其他植物很难生长，而水蓑衣植株高度与其不同，占据不同空间生态位，是极少数能与凤眼莲形成共建群系的植物，且水蓑衣根系能牢牢植于凤眼莲植株上随之漂浮于水中央，水蓑衣＋凤眼莲群系在羊山湿地分布不广，但其存在方式独特故加以介绍。此混合群系盖度大，一般大于 90%，其中水蓑衣盖度为 20% ～ 60%，凤眼莲盖度为 40% ～ 80%；群系平均高度在 0.5 ～ 1.2m 之间，偶有高于 1.5m 的。几乎没有其他伴生种，偶生种也极少。水蓑衣茎叶较稀疏，观赏价值并不高；但凤眼莲茎、叶、花都可赏，一年四季观赏效果都好。此复合群系无论是空间层次还是色彩搭配，都具一定美感，即便在枯萎季节，仍有较高观赏价值（图 5-23、图 5-24）。

图 5-23　水蓑衣＋凤眼莲群系（水蓑衣茂盛季）

图 5-24　水蓑衣 + 凤眼莲群系（水蓑衣枯萎季）

5.3.23　毛蕨 + 野芋群系

　　毛蕨为金星蕨科（Thelypteridaceae）蕨类植物，喜阴但也较耐干旱，耐高温，生于海拔为 200 ~ 380m 的山谷溪旁湿处，叶远生，近革质，披针形，叶长，优美可观，适生性强，在羊山各类型湿地都有分布，且出现频率较高。野芋为天南星科多年生草本植物，同样喜阴但也较耐干旱，叶如倒卵形，佛焰苞紫色，在羊山湿地都分布也较广泛。毛蕨 + 野芋群系常成群分布于河溪沿岸、湖泊、田洋或水库湿地中；群系盖度大，一般大于 85%，其中毛蕨盖度在 30% ~ 70%，野芋盖度在 20% ~ 60%，两种植物都可成为建群种；群系平均高度在 0.3 ~ 0.7m，也有高于 1.0m 的；如毛蕨长势过高，则会影响野芋生长，从而变成毛蕨单优群系。其伴生种少，主要有蓉草、毛蓼等，偶有水烛出现，伴生种盖度都极低，大多低于 5%。毛蕨叶为披针形，野芋叶为

91

倒卵形，对比明显，且野芋佛焰苞紫色，果为红色，与绿色叶形成丰富的色彩层次，景观效果佳，且此群系适应性强，分布广泛，宜在园林景观中推广运用（图 5-25）。

图 5-25　毛蕨 + 野芋群系

5.3.24　藿香蓟 + 丰花草群系

　　藿香蓟为菊科一年生草本，生于山谷、山坡林下或林缘、河边或山坡草地、田边或荒地上，高 50 ~ 100cm，无明显主根。全部茎枝呈淡红色，或上部绿色，叶对生，有时上部互生，为卵形或长圆形，有时植株全部叶较小，基出三脉或不明显五出脉，头状花序（4 ~ 18 个）在茎顶排成通常紧密的伞房状花序，总苞钟状或半球形，花冠长 1.5 ~ 2.5mm，淡紫色，花期长，美丽。丰花草为茜草科（Rubiaceae）一年生直立草本，生于空旷草地、山坡或路边，高 15 ~ 60cm。其茎纤细，叶对生，近无柄，托叶与叶柄合生，宽而短，顶有数条棕红色长刺毛；叶为条形或披针状条形，球状聚伞花序腋生，小花数朵，花冠白色，近漏斗形，花冠筒长 1.5 ~ 2.5mm。藿香蓟与丰花草作为其他群系的伴生种出现频率较高，但此混合群系出现频率一般。群系盖度一般介于 50% ~ 90%，其中，藿香蓟盖度在 30% ~ 70%，丰花草盖度在 10% ~ 30%；群系平均高度在 0.4 ~ 0.8m；伴生种与偶生种较多，有金钮扣、马齿苋、空心莲子草、鬼针草等。

5.3.25 水角 + 田基麻群系

水角为凤仙花科多年生水生草本，生于湖边、沼泽湿地或水稻田；羊山湿地中生于田洋居多，花以红色尤以粉红色居多。田基麻为田基麻科（Hydrophyllaceae）一年生草本，茎大部分直立，也有平卧的，总状花序或聚伞花序，花小而多，花冠蓝色，蒴果卵形，长 5mm，为宿存萼片包被，在羊山田洋湿地分布较广，其他类型湿地分布极少，有时也形成单优群系，田基麻群系植株密集，在生长季节，绿绿一片，生机盎然，有一定观赏价值；而在盛花时节，蓝色小花成簇成丛盛开，远观蓝蓝一片，在绿叶的映衬下，色彩层次丰富，景观效果佳。此混合群系在羊山湿地出现频率不高，主要在田洋，河溪也有少量分布。群系盖度一般介于 50% ～ 90%，其中水角盖度为30% ～ 50%，田基麻盖度在 20% ～ 40%；群系平均高度在 0.3 ～ 0.8m；伴生种与偶生种一般，有莎草、水葫芦等。水角花为红色，田基麻花为蓝色，两者都花开繁盛，且花色相互映衬，甚是美丽（图 5-26）。

图 5-26　水角 + 田基麻群系

6

植被类型 4：浮叶 - 漂浮 - 沉水植物植被

6.1 浮叶 - 漂浮 - 沉水植物植被类型

羊山浮叶 - 漂浮 - 沉水植物植被型组包含 4 个植被型，即挺水型植被型、浮叶植被型、飘浮型植被型与沉水型植被型（浮叶 - 漂浮 - 沉水植物植被也可理解为狭义的水生植物植被）。挺水型植被型包含 7 个群系，即蕹菜群系、水龙群系、高葶雨久花群系、邢氏水蕨群系、水烛 + 蓉草群系、蕹菜 + 水蓼群系与蕹菜 + 大薸 + 雾水葛群系；浮叶植被型包含 2 个群系，即水菜花群系与水菜花 + 邢氏水蕨群系；飘浮型植被型包含 5 个群系，即凤眼莲群系、浮萍群系、大薸群系、凤眼莲 + 蕹菜群系与大薸 + 水蓼群系；沉水型植被型包含 3 个群系，即四蕊狐尾藻群系、龙舌草群系与四蕊狐尾藻 + 金银莲花群系。

6.2 浮叶 - 漂浮 - 沉水植物植被特点

羊山湿地水生植物群系虽不及草本植物丰富，但比起其他湿地类型来说，已是十分丰富了，因为不少湿地由涌泉涓涓而流形成，水质相对较好，而湿地植物中水生植物对水质要求高，尤其是沉水植物需要清洁度较高的水质，便于阳光入射水底。优势种原生植物有水菜花、邢氏水蕨、水龙等，入侵植物有凤眼莲、大薸、蕹菜等。伴生种有水蕨、金银莲花、四蕊狐尾藻、龙舌草、雨久花、高葶雨久花、箭叶雨久花等。水生植物湿地植被总体来说多样性指数都低，因为水生植物对水、光照都有一定需求，盖度太大会严重影响植物生长，尤其是沉水植物的繁殖。田洋 Margalef 丰富度指数为 1.64，Shannon-Wiener 多样性指数为 2.24，都为最高，因为田洋水位深浅合适（0.2 ～ 0.8m 深居多），宜于水生植物繁衍。而水库型湿地水位过深或沼泽型湿地水位过浅、淤泥过多，都不利于水生植物生长（表 6-1、图 6-1）。

表 6-1 不同湿地类型浮叶 - 漂浮 - 沉水植物湿地植被指数

湿地类型 （Wetland types）	马加莱夫丰富度指数 （Margalef diversity index）	香浓 - 维纳多样性指数 （Shannon-Wiener diversity index）	Pielou 均匀度指数 （Pielou evenness index）
河流型（样地 1 ～ 4）	1.12	1.61	0.78
湖泊型（样地 5 ～ 7）	0.75	1.42	0.79

续表

湿地类型 （Wetland types）	马加莱夫丰富度指数 （Margalef diversity index）	香浓 - 维纳多样性指数 （Shannon-Wiener diversity index）	Pielou均匀度指数 （Pielou evenness index）
水库型（样地 8～13）	0.63	1.31	0.94
田洋型（样地 14～20）	1.64	2.24	0.90
森林或灌丛沼泽型（样地 20～21）	0.72	1.29	0.80

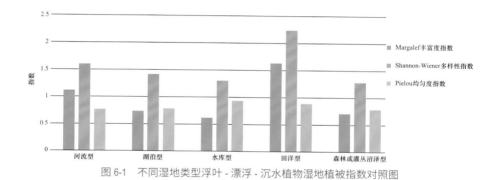

图 6-1　不同湿地类型浮叶 - 漂浮 - 沉水植物湿地植被指数对照图

　　在水质较好的河溪中，水菜花为水生植物优势种，盖度在 50% 以上，甚至连绵成片，形成花海，如昌旺溪，水菜花为国家二级保护野生植物，对水质有一定要求。在水质普通的河溪，水生植物优势种不明显，有蕹菜、凤眼莲、水龙、大漂等。由涌泉作为主要水源的湖泊水质较好，水生植被丰富，如西湖娘娘庙天然湖泊，优势种有水菜花、蕹菜等，样方盖度为 50%～95%，并有水菜花 + 邢氏水蕨、蕹菜 + 膜稃草 + 大漂等多种共建植物群系。水生植物优势种为凤眼莲，伴生有蕹菜等，凤眼莲入侵十分严重，盖度可达 95% 以上，严重影响其他水生植物的生长。田洋型湿地为羊山火山熔岩湿地最具特色部分，田洋中水稻田田埂以火山岩为筑，种植季为田，荒芜季积水成洋，并与田中凸岛和低洼草本沼泽连成一片，或深或浅，杂草野花或各色水生植物自然而生，景观独特，以草丛草甸植被占绝对优势，但水生植物也相对丰富，优势种有蕹菜、水龙、凤眼莲等，并有羊山湿地所有的沉水植物出现。在森林和灌丛沼泽型湿地，高葶雨久花、水菜花、凤眼莲出现频率较高。因为，此类湿地难以到达，调研难度较大，样方有限，植被特征表述不尽完善。

6.3 羊山浮叶－漂浮－沉水植物植被主要群系

6.3.1 蕹菜群系

蕹菜为旋花科（Convolvulaceae）一年生草本，是一类既可生活于陆地又可生活于水中的水陆两栖性植物，但水分较多时生长旺盛，常俗称为空心菜或通菜；其蔓生陆地或漂浮于水面，茎为圆柱形，有节，节间中空，节上生根；叶为翠绿色，叶片形状、大小有变化，有卵形、长卵形、长卵状披针形等；花为白色或淡紫色。蕹菜按栽培条件分为水蕹菜（又叫小叶种或大蕹菜）和旱蕹菜（又叫大叶种或小蕹菜），羊山地区的蕹菜多为逸生或野生状态的水蕹菜，分布广泛，生命力旺盛，以单优群成群漂浮于水面或与其他多种植物形成混合群系出现于水中或水缘。群系盖度大，一般大于80%；群系高度在 0.1 ~ 0.3m；当蕹菜盖度大于95%时，伴生种与偶生种非常少，当蕹菜盖度小于85%时，伴生种丰富，有水葫芦、水蓼、大藻、膜稃草、囊颖草、空心莲子草、节节草、雾水葛、水蕨等。蕹菜群系生长季节叶色翠绿（图6-2），开花时节，朵朵白花或紫花点缀其间，未开花时景观效果也不错（图6-3）。除作景观观赏外，还是一种很好的净化水体的植物。

图 6-2 蕹菜群系（开花时）

图 6-3　蕹菜群系（未开花时）

6.3.2　水龙群系

　　水龙为柳叶菜科水龙属多年生水生草本，多匍匐横生长于水田、溪边等浅水中（图 6-4），也可生长于较深水中，浮于水面（图 6-5），全株无毛，浮水茎节上常簇生圆柱状或纺锤状白色海绵状储气的根状浮器，具有多数须状根，浮水茎长可达 3m，直立茎高可达 60cm；在无水环境中也能生长，但枝上常有柔毛且很少开花；叶互生，为倒卵形至长圆状倒卵形；花腋生，有长柄，为白色或淡黄色；适应性强，在热带和亚热带地区广为分布。水龙群系为羊山湿地分布广泛的水生植物群系，常成群分布于河溪、田洋或湖泊、沼泽沿岸；群系盖度大，一般介于 70% ～ 98%。群系高度与水环境有关，匍匐生于浅水中的群系高度在 0.2 ～ 0.4m，浮生于深水中的群系高度平均为 1 ～ 1.5m，偶有大于 2.5m 以上的；伴生种与偶生种一般，有水蓼、空心莲子草、薇甘菊等。

　　水龙群系盖度高，叶片致密，片植于浅水水体边缘或水中（必要时可设置框定结构，使其不至于满铺），郁郁葱葱，生机盎然；少量植于深水中则随波摇曳，别有一番风味；也可盆栽形成悬垂状，观赏效果好，园林造景可推广运用。另外，水龙净化水环境效果明显。

图 6-4　水龙群系（水缘或浅水中）

图 6-5　水龙群系（深水中）

6.3.3 高葶雨久花群系

高葶雨久花为雨久花科（Pontederiaceae）多年生水生草本，根状茎直立或斜上，高 30 ~ 200cm；茎生叶长，甚至可达 2m；总状花序，花多且花期长，可从 8 月至次年 3 月，花被淡紫或蓝色，观赏价值高；在羊山湿地田洋有一定量分布，河溪浅水处也有少量分布。高葶雨久花群系盖度一般，一般介于 30% ~ 70%；群系平均高度在 0.8 ~ 1.5m，偶有高于 1.8m 的；伴生种与偶生种一般，有水蕨、蓉草、水菜花、水葫芦、野芋等。高葶雨久花茎高挺素雅，蓝色花多而美丽，像只只飞舞的蓝鸟，叶长而翠绿（图 6-6），可在园林中推广运用，在水景中单独成片种植或与其他水生观赏植物搭配使用，效果都不错。

图 6-6 高葶雨久花群系

6.3.4 邢氏水蕨群系

邢氏水蕨为凤尾蕨科（Pteridaceae）多年生水生植物，根状茎横走、叶脉分离，是喜流水习性的淡水湿植株，幼时呈嫩绿色，成年时多深绿色，多汁柔软，且随水湿条件不同，高矮形态差异较大，高可达 70cm。邢氏水蕨是 2020 年刚发现的新物种，经常生长在羊山湿地独特的火山熔岩地貌旁边的湿地环境，系国家二级重点保护植物，基于世界自然保护联盟（IUCN）濒危物种等级评估标准为易危物种。邢氏水蕨在羊山湿地中分布较广泛，但主要作为伴生种出现，作为群系中的优势种出现的频率并不高，田洋、湖泊、河溪有一定的分布，以田洋分布居多，长势也最好。群系盖度在不同环境中差别较大，一般介于 30% ~ 80%；群系平均高度在 0.2 ~ 0.5m；伴生种与偶生种较丰富，有水菜花、高葶雨久花、节节草、膜稃草、野生稻等。水蕨群系其叶形柔软多变，有较高观赏价值（图 6-7），可作为一种观赏性植物推广运用。

图 6-7　邢氏水蕨群系

6.3.5　蕹菜 + 大藻 + 雾水葛群系

蕹菜为旋花科一年生草本，茎为圆柱形，有节，节间中空，节上生根，卵形、长卵形或长卵状披针形的叶为翠绿色，花为白色或淡紫色，根茎蔓生陆地或浮于水面，但不能随波移动；大藻为天南星科多年生浮水草本，有长而悬垂的根，多数须根为羽状，倒三角形、倒卵形或扇形叶簇生成莲座状，大藻整株飘浮于水面，能随水波漂动；雾水葛为荨麻科（Urticaceae）多年生直立草本，主要生于湿生环境中，水中亦可生长，茎直立或渐升，不分枝，通常在基部或下部有 1 ～ 3 对对生的长分枝，枝条不分枝或有少数极短的分枝，有短伏毛或混有开展的疏柔毛，卵形或宽卵形叶对生。此混合群系盖度大，一般介于 70% ～ 95%，其中蕹菜盖度在 30% ～ 50%，大藻盖度在 30% ～ 50%，雾水葛盖度在 10% ～ 20%；群系高度在 0.2 ～ 0.5m；伴生种与偶生种很少，有毛蓼、水蓼等。群系中雾水葛直立，枝叶纤细；蕹菜茎叶蔓生于水面，卵形叶较大；大藻漂浮于水面，叶簇生成莲座状，3 种植物无论高矮、叶形、姿态等都各有千秋，搭配景观效果较佳（图 6-8）。

图 6-8　蕹菜 + 大藻 + 雾水葛群系

6.3.6　水菜花群系

水菜花为水鳖科（Hydrocharitaceae）一年生或多年生水生草本，为国家二级濒危保护野生植物，目前在我国只有海南省的海口、澄迈与定安有，其中羊山湿地分布最多，为羊山湿地最主要的沉水植物。水菜花有须根多数，茎极短；叶基生异型，沉水叶为长椭圆形、披针形或带形，长 30 ～ 60cm；浮水叶阔，为披针形或长卵形，长 10 ～ 20cm，基部心形，较沉水叶厚；花单性，雌雄异株，需出水开花，雄佛焰苞内有雄花 10 ～ 30 朵，有时 2 ～ 4 朵同时开放，雄花梗长 5cm 以上，雌佛焰苞内含雌花 1 朵，花被与雄花花被相似，稍大；果实为椭圆形。水菜花群系在羊山湿地分布较广，常成群分布于水质较好的河溪、湖泊或田洋边缘，以昌旺溪与玉符村田洋分布最多；群系盖度一般介于 20% ～ 80%；群系高度随水深有所变化，平均在 0.3 ～ 0.7m，偶有高于 1.8m 的；伴生种与偶生种较少，有水蕨、邢氏水蕨、辣蓼、水毛花、水角等，其中邢氏水蕨是最常见伴生种，有水菜花出现的地方大多有邢氏水蕨出现。

水菜花群系柔软的茎叶随波荡漾，洁白的花朵、淡黄色的花蕊在绿叶的映衬下更显婀娜多姿，在盛花时节，一朵朵小花散落在平静的水面上，繁花似锦，美不胜收（图 6-9）。另外，在水质清澈之地，水菜花幼苗成片生长，密度非常高，每平方米可达 30 ～ 50 株，狭长形叶遍布水底，郁郁葱葱，也另有一种特色（图 6-10）。

因水菜花对水质的洁净度和清晰度要求很高，只要水有些污染，水菜花就会死亡，所以在业内，水菜花还有另外一个名字——水质监测员。

图 6-9　水菜花群系

图 6-10　水菜花群系（幼苗）

6.3.7　水菜花 + 邢氏水蕨群系

　　水菜花与邢氏水蕨都为国家濒危二级野生保护植物，且水菜花仅在海南琼北地区分布。但此群系在羊山湿地中分布较广，有水菜花出现的地方邢氏水蕨出现频率就较高，喜成群分布于河溪、涌泉或田洋等流水湿地中。群系盖度不大，一般介于20% ~ 60%，其中水菜花 10% ~ 50%，邢氏水蕨 5% ~ 40%，两者之间呈现动态平衡，当水菜花盖度较大时，邢氏水蕨盖度较低，反之亦然。群系高度与水深直接关联，一般介于 0.3 ~ 0.8m，当水深过深时，邢氏水蕨不易生长；伴生种与偶生种很少，有辣蓼、水毛花等，且盖度较低。邢氏水蕨可衔接水体与岸际，也可长于水体中。水菜花柔软的茎叶与邢氏水蕨分枝状的茎叶形成对照，而水菜花洁白的花朵轻轻地浮出水面，静静地散发着芬香，在蓝天白云的映衬下更显亮丽（图 6-11）。

图 6-11　水菜花 + 邢氏水蕨群系（雷金睿　摄）

6.3.8　凤眼莲群系

凤眼莲为雨久花科凤眼莲属漂浮植物，须根发达，茎极短，具有长匍匐枝。匍匐枝为淡绿色或带紫色，与母株分离后长成新植物；叶在基部丛生，莲座状排列，一般为 5 ～ 10 片；叶片为圆形、宽卵形或宽菱形，长 4.5 ～ 14.5cm，宽 5 ～ 14cm；叶柄长短不等，中部膨大成囊状或纺锤形，内有许多多边形柱状细胞组成的气室，黄绿色至绿色，光滑；叶柄基部有鞘状苞片，长 8 ～ 11cm，黄绿色，薄而半透明；穗状花序长 17 ～ 20cm，通常具有 9 ～ 12 朵花；花被紫蓝色，亮丽。凤眼莲群系盖度大，一般大于 80%；群系平均高度在 0.30 ～ 0.60m；伴生种、偶生种与凤眼莲盖度有直接的关系，当凤眼莲盖度达到 95% 以上时，几乎没有伴生种，当凤眼莲盖度在 90%以下时，伴生种有蕹菜、水角、草龙、毛草龙、水蓼、李氏禾、硕大薏草等。凤眼莲群系叶翠绿，浅蓝色花呈多棱喇叭状，上方的花瓣较大，花瓣中心生有一明显的鲜黄色斑点，形如凤眼，也像孔雀羽翎尾端的花点，非常养眼，景观价值高（图 6-12），片植于园林水景中的造景，景色蔚然可观；或小片植于小池一隅，以竹框之，野趣幽然。

图 6-12　凤眼莲群系

凤眼莲是监测环境污染的良好植物，它可监测水中是否有砷存在，还可净化水中汞、镉、铅等有害物质。其在生长过程中能吸收水体中大量的氮、磷及某些重金属元素等营养元素，凤眼莲对净化含有机物较多的工业废水或生活污水的水体效果也很理想。但凤眼莲无性繁殖速度过快，是世界 100 种危险的入侵物种之一，所以一定要控制凤眼莲的边界，当盖度过大时，会严重阻碍阳光与氧气进入水体，从而导致水体变质，影响原有生物的存活和生长。

6.3.9　浮萍群系

浮萍为浮萍科漂浮植物，喜温暖气候和潮湿环境，忌严寒。其叶状体对称，表面为绿色，背面浅黄色、绿白色或常为紫色，长 1.5 ～ 5mm，宽 2 ～ 3mm；一般不常开花，以芽进行繁殖，叶状体背面一侧具囊，新叶状体于囊内形成浮出，以极短的细柄与母体相连，随后脱落形成新的植株。浮萍对水环境要求不严，分布广，在羊山湿地中田洋、河溪、池沼、湖泊等类型都有分布，出现频率一般，喜成片漂浮于水面；群系盖度大，一般在 60% ～ 90%；因是紧贴水面的漂浮植物，群系高度极低，大多在 0.1m 以内；由于本种繁殖快，易形成单优群系，伴生种与偶生种极少，有蕹菜、水蓼等。浮萍群系紧贴水面，随波荡漾，轻盈曼妙，具有一定的观赏性（图6-13），但应注意养殖时用竹竿将浮萍框定，防止到处漂浮，有碍于其他植物的生长。另外，全草可作家畜和家禽、鱼类饲料。

图 6-13　浮萍群系

6.3.10　大薸群系

　　大薸为天南星科多年生漂浮植物，有长而悬垂的根，多数须根羽状，密集；叶簇生成莲座状，故俗名为水莲花，叶片常因发育阶段不同而形异，有倒三角形、倒卵形、扇形等；佛焰苞白色，肉穗花序背面 2/3 与佛焰苞合生，雄花 2 ~ 8 朵生于上部，雌花单生于下部。大薸在自然条件下主要为无性繁殖，且速度快，是我国 100 种最危险入侵物种之一，也是羊山地区分布较广的入侵植物，西湖娘娘庙湖泊几乎每年都会暴发一次。大薸群系常成片漂浮于湖泊或田洋等流速不大的水体中，群系盖度大，一般大于 80%；河溪动水中也有一定分布，群系盖度小许多，一般介于 30% ~ 60%；群系高度介于 0.05 ~ 0.1m；由于本种繁殖快，伴生种少，伴生种与群系盖度也有直接的联系，盖度越大，伴生种越少，有辣蓼、酸模叶蓼、蕹菜等。大薸形如莲座，又如水生白菜，形态优美，漂浮点缀水面，观赏价值高（图6-14）。另外，大薸是很好的饲料。

图 6-14　大薸群系

与凤眼莲一样，大薸无性繁殖迅速，能较快覆盖水面，当群系盖度过大时，阻碍了阳光与空气中的氧气进入水体，从而导致水体变质，影响原有生物的存活和生长。另外，大薸是喜高温、喜湿的植物，在水温低于 15℃、气温低于 5℃ 的条件下会死亡，这就意味着，在秋天天气明显转冷前如果不能及时清除大薸，它的残体会逐渐腐烂，对水体造成第二次污染，因此是最危险入侵物种之一。

6.3.11　凤眼莲 + 蕹菜群系

作为世界 100 种外来入侵物种之一，凤眼莲腋芽较多，能发育成为新的植株，匍匐枝较长，嫩脆易断，断离后亦成为独立的新株，具有极强的无性繁殖能力，严重影响了其他水生植物的生长。能与凤眼莲进行竞争的水生植物非常少，而蕹菜作为生命力极强的水陆两栖性植物，土壤的适应性强，耐肥耐渍，也有一定的耐贫瘠性，当与凤眼莲混植时，也呈现一定的竞争实力。蕹菜蔓生的根茎能漂浮于水面，并相互缠绕交织，能有效地阻止凤眼莲在水面的扩张，不失为一种良好的控制凤眼莲快速扩张的植物。另外，两种植物无论是茎叶还是花朵，都有很高的观赏价值，凤眼莲拥有美丽的淡紫色花冠、花瓣中心生有形如凤眼的鲜黄色斑点，与蕹菜漏斗状白色、淡红色或紫红色的花相互映衬，观赏价值高（图6-15）。

图6-15　凤眼莲＋蕹菜群系

6.3.12　大薸＋水蓼群系

　　大薸为漂浮性水生植物，水蓼为直立性草本植物，但也能生长在水中，因生长空间高度不一致，所以即使大薸盖度较大，严重影响到其他水生植物生长时，水蓼仍然能生长良好。此混合群系在羊山湿地分布较广，常成片生长于湖泊、田洋或流速不大的河溪中，群系盖度大，一般大于80%，其中大薸为60%～80%，水蓼在水缘分布较多，水中分布则很少，盖度一般少于20%；流速大的动水中也有一定分布，但群系盖度小得多，一般介于20%～50%。群系高度常介于0.1～0.6m；伴生种少，且与群系盖度有直接的联系，盖度越大，伴生种越少，有酸模叶蓼、蕹菜等。大薸形如莲座，形态优美，叶色黄绿，水蓼叶色深绿，花穗火红，颜色相得益彰，且竖向也有一定的层次变化，有较好的观赏价值。

6.3.13　四蕊狐尾藻群系

　　四蕊狐尾藻为小二仙草科（Haloragidaceae）多年生沉水草本植物，生于浅水中，与其他沉水植物的不同之处在于它能在无水湿地中生长一段时间，喜温暖水湿、阳光充足的环境，不耐寒。其根状茎发达，在底泥中蔓延，节部生根。茎为圆柱形，少分枝，叶通常 5 片轮生，蓖状分裂，茎顶部水上叶披针形或匙形，有齿刻或不明显的锯齿，渐次变成苞片状、掌状浅裂，花单生于叶腋，花小，果成熟时为褐色，花期为 3—9 月，果期为 4—10 月。四蕊狐尾藻群系在羊山湿地中分布不广泛，那央村、新潭村等浅水田洋及临近西湖娘娘庙的羊山水库边有分布。群系盖度一般，湿生环境中群系盖度在20% ～ 35%，水生环境中的群系盖度一般在 30% ～ 60%；群系高度在 0.1 ～ 0.5m，水生环境中的高许多，伴生种与偶生种不多，有金银莲花、辣蓼等。四蕊狐尾藻群系沉水部分的颜色为黄绿色，随水波平展轻摇，而出水部分颜色深绿，茎直立为主，有一定观赏性（图 6-16）。除作景观观赏外，它还是一种很好的净化水体的植物。

图 6-16　四蕊狐尾藻群系

6.3.14　龙舌草群系

　　龙舌草为水鳖科水车前属沉水草本，茎极短，有须根；叶柄长短随水体的深浅而异，多变化于 2 ～ 40cm；叶为卵状椭圆形、披针形或心形；抽茎出水开花，花为白色、淡紫色或浅蓝色；花期为 4—10 月；常生于湖泊、沟渠、水塘、水田及积水洼地。羊山地区分布不广，仅在羊山水库周边田洋中有分布。群系盖度一般，介于30%～70%；群系高度随水体深浅有变化，一般介于0.2～0.5m；伴生种与偶生种很少，主要为禾本科植物如李氏禾、膜稃草等。龙舌草群系整个植株都沉于水底，除花出水，景观价值一般（图6-17）。但龙舌草是一种很好的药用植物，全草可入药，另外还可以作蔬菜、饲料、绿肥等。

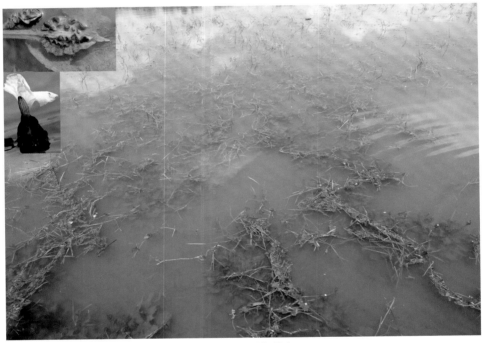

图 6-17　龙舌草群系

6.3.15　四蕊狐尾藻 + 金银莲花群系

四蕊狐尾藻为小二仙草科狐尾藻属多年生沉水草本植物，喜生于温暖水湿、阳光充足的环境中，在湿生无水环境中也能短时间生存。金银莲花为睡菜科荇菜属多年生水生植物，茎为圆柱形，不分枝，顶生单叶；叶漂浮于水面，近革质；花较多，簇生于节上，花冠为白色；对酸碱适应范围较广，但对温度有一定要求，高于40℃或低于15℃时，不开花或生长停滞。四蕊狐尾藻 + 金银莲花群系在羊山湿地中分布并不广泛，那央村、新潭村等浅水田洋及邻近西湖娘娘庙的羊山水库边有分布。群系盖度一般介于40%～80%，其中四蕊狐尾藻盖度在30%～70%，金银莲花盖度在

10% ~ 25%；群系高度与水深有关，一般为 0.3 ~ 0.6m；伴生种与偶生种不多，有水蓼、毛蓼、水龙等。四蕊狐尾藻沉水，叶蓖状如松针，金银莲花叶浮水，近卵圆形或近圆形，两者搭配，观赏价值较高（图 6-18）。

图 6-18　四蕊狐尾藻 + 金银莲花群系

7

植被景观及应用价值

7.1 典型植被景观

7.1.1 样方的设置与调查

借助航片、3S 技术及实地调研的羊山湿地植被类型分布结果，综合考虑景观植物出现的频度与湿地类型选取景观植物群落样地 14 处（表 7-1）。河流、湖泊、水库、沼泽型样地沿水陆交界边缘布置，尺度为 300m×30m；田洋植物分布均质性强，不以线状规律呈现，样地尺度取 300m×300m，样地地理位置为取样地中心点。样地内每隔 100m 至少设置 1 处样方，植被景观丰富处可多设，每块样地至少有 3 个样方。样方大小为 50m×20m（以水体边缘线为界，向水中或陆地延伸宽度视植物分布具体情况而定，总宽度为 20m 不变）。调查样方内植物种类、数量、盖度、郁闭度等，根据盖度确定群系优势种和伴生种。对不同季节的植物景观进行拍照，通过对不同样方之间的横向对照和同一样方不同季节的纵向对照分析，提炼出植物群落的配植规律与景观特征。为了更准确地描述景观植物群落的特征，在前面植被调研时使用的 Margalef 丰富度指数（d_{Ma}）、Shannon-Wiener 多样性指数（H）和 Pielou 均匀度指数（J）的基础上，增加了 Simpson 多样性指数（D_{s}）。

表 7-1 景观植物群落样地

样地号	样地湿地类型	地理位置	样方数	优势种	包含的主要景观结构
1	水库	E：110°19′1.27″ N：19°56′16.25″	3	龙眼睛、卡开芦、毛蕨	鱼木 - 龙眼睛 - 卡开芦 - 毛蕨； 金银莲花 + 四蕊狐尾藻
2	水库	E：110°19′29.8″ N：19°57′18.06″	4	苦楝、斑茅、狼尾草	苦楝 - 鹊肾树 - 斑茅； 狼尾草 + 倒地铃 + 囊颖草； 苦楝 - 花叶芦竹 + 海芋
3	湖泊	E：110°18′46.92″ N：19°56′5.95″	3	玉蕊、薇甘菊、蕹菜、水龙	玉蕊 - 薇甘菊 + 水龙 + 蕹菜； 苦楝 - 对叶榕 - 海芋 + 毛蓼
4	田洋	E：110°18′50.48″ N：19°47′1.8″	3	苦楝、毛蕨、凤眼莲	苦楝 - 对叶榕 - 凤眼莲； 卡开芦 + 野芋 + 毛蕨
5	田洋	E：110°19′19.46″ N：19°56′52.24″	3	玉蕊、囊颖草、蕹菜	玉蕊 - 风箱树 - 囊颖草 + 蕹菜
6	田洋	E：110°23′6.85″ N：19°55′40.49″	4	厚皮树、乌桕、光叶藤蕨	厚皮树 - 酒饼簕 - 落地生根； 苦楝 + 乌桕 - 光叶藤蕨 - 高葶 雨久花

续表

样地号	样地湿地类型	地理位置	样方数	优势种	包含的主要景观结构
7	河溪	E：110°17′11.86″ N：19°47′19.6″	4	露兜、光叶藤蕨、水菜花、邢氏水蕨	苦楝 - 鹊肾树 - 斑茅； 水毛花 + 水角 - 水菜花 + 邢氏水蕨
8	河溪	E：110°19′1.3″ N：19°56′52.97″	3	露兜、薇甘菊、野芋、毛蕨	露兜 + 薇甘菊 - 水蓼 - 水龙 + 蕹菜
9	池塘	E：110°19′0.02″ N：19°46′10.17″	3	露兜、光叶蕨蕨、水角	露兜 + 光叶藤蕨 + 水角 + 水龙
10	河溪	E：110°23′53.94″ N：19°55′54.77″	3	露兜、光蓼、水菜花	露兜 + 光叶藤蕨 - 光蓼 + 水菜花 凤眼莲 + 水蓑衣； 野芋 + 毛蕨 + 圆叶节节菜
11	河溪	E：110°18′55.02″ N：19°56′37.92″	3	卤蕨、水菜花	水菜花 + 邢氏水蕨； 卤蕨 + 野芋
12	水库	E：110°19′8.44″ N：19°56′15.01″	3	斑茅、含羞草、毛蓼	斑茅 + 含羞草 - 海芋 + 毛蓼； 龙眼睛 + 山榕
13	田洋	E：110°24′16.45″ N：19°51′26.19″	4	卡开芦、野芋、毛蕨	卡开芦 + 野芋 + 毛蕨； 鹧鸪麻 - 狼尾草 + 囊颖草； 龙眼睛 + 山榕 + 铺地黍
14	湖泊	E：110°21′14.7″ N：19°57′43.72″	3	凤眼莲、蕹菜	凤眼莲 + 蕹菜； 斑茅 + 含羞草 - 南美蒺膨菊

利用 Python 计算 14 个群落的 d_{Ma}、D_s、H 和 J。计算公式如下：

$$d_{Ma} = (S - 1)/\ln N$$

$$D_s = 1 - \Sigma P_i^2$$

$$H = -\sum_{i=1}^{s} P_i \ln P_i$$

$$J = H/\ln S$$

式中，S 为群落中物种的数量；N 为该群落中观察到的个体总数（随样本大小增减）；$P_i = N_i/N$，N_i 为种类 i 的个体数；N 为该群落中所有物种的个体数。

7.1.2 植被景观模式的提炼

国内外的专家和学者对植物景观评价已经有了很丰富的研究，美景度评价法（Scenic Beauty Estimation，SBE）和层次分析法（Analytic Hierarchy Process，AHP）[44-50] 是目前比较常用的园林植物景观评价方法。本节主要运用层次分析法 AHP 提炼景观植物应用模式。以湿地景观植物应用综合评价值为目标，景观观赏性、生态适应性和推广程度为结构，选取 9 个对应因子，通过对评价系统的不同层次结构的定量和定性指标进行模糊量化，按目标层 A，准则层 B_1、B_2、B_3，因子层 C_1 至 C_9 进行构建（图7-1）。计算各指标相对权重，同时建立两因子的判断矩阵，并对其一致性用 C_R 进行检验（当 C_R < 0.1 时，各层次、各指标具有一致性，否则需要重新调整）。其公式为

$$C_R = C_I \ / \ R_I$$

式中，C_R 为随机一致性比率；C_I 为一致性指标；R_I 为随机一致性指标均值[48]。

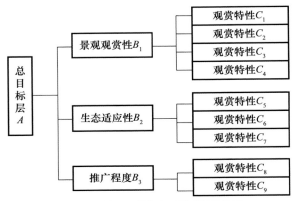

图 7-1　湿地景观植物应用模式评价体系

　　为了提高评价结果的可靠性，问卷调查对象涵盖风景园林学、生态学、植物学 3个专业，共 10 个专家与 20 个学生。数据处理采用差值百分比分级法进行分级，并用 SPSS 软件进行聚类分析[49]，得出湿地景观植物应用评价模式各权重值（表7-2）。

表 7-2　湿地景观植物应用模式评价权重

目标层 A	准则层 B	权重值 (W_a)	指标层 C	指标层含义	权重值 (W_j)
湿地景观植物应用模式综合评价值	景观观赏性 B_1	0.527	观赏特性	花、叶、果、形、枝、色、香等各方面综合形成的艺术美感	0.185
			观赏层次丰富性	植物在横向和纵向空间形成的景观层次结构	0.132
			观赏时间性	一年四季有效的观赏时间及景观随季节变化的情况	0.121
			景观独特性	生态学、地域文化或其他方面的珍稀性	0.099
	生态适应性 B_2	0.312	结构稳定性	保持或恢复自身结构相对稳定的能力	0.112
			生境适应性	对不同气候及不同水环境、土壤环境的适应情况	0.105
			环境改善作用	对水环境、土壤环境甚至空气质量的改善情况	0.095
	推广程度 B_3	0.171	苗木途径	苗木获取的难易及造价	0.086
			养护管理	养护管理中投入的人力、财力多少	0.085

7.1.3 植被景观的特征

根据《中国植被》分类 [30-31]，参考湿地植物分类的相关文献，将湿地植物分为乔木、灌木、草本、水生植物四类。样地共记录到 193 种植物，乔木、灌木、草本、水生分别为 29、45、121、9 种，与羊山湿地植物调研情况一致，即植被演替目前以灌草阶段为主 [5]。总结提取出了 86 种可列为景观植物的物种（已去除人工栽植物种），占调研植物物种总数的 44.6%，分别为乔木 20 种、灌木 16 种、草本 42 种和水生植物 8 种，说明羊山湿地景观植物资源尤其是草本景观植物资源非常丰富。

参照描述景观植物群落特征相关文献 [47,50]，结合羊山湿地植物自身特点，采用 Margalef 丰富度指数 d_{Ma}、Simpson 多样性指数 D_s、Shannon-Wiener 指数 H 和 Pielou 均匀度指数 J、群落优势种、景观植物占比（景观植物物种数占样方植物物种总数的比）等来表述羊山湿地景观植物群落特征（表 7-3）。

表 7-3 羊山湿地景观植物群落特征

样地号	样地湿地类型	地理位置	d_{Ma}指数	D_s指数	H指数	J指数	景观植物占比（%）	群落结构
1	水库	E：110°19′1.27″ N：19°56′16.25″	4.02	0.93	2.88	0.86	44.8	乔 - 灌 - 草 - 水生植物群落
2	水库	E：110°19′29.8″ N：19°57′18.06″	3.89	0.90	2.66	0.81	48.1	乔 - 灌 - 草植物群落
3	湖泊	E：110°18′46.92″ N：19°56′5.95″	3.37	0.81	2.11	0.68	77.3	乔 - 灌 - 草 - 水生植物群落
4	田洋	E：110°18′50.48″ N：19°47′1.8″	2.80	0.75	1.89	0.63	65.0	乔 - 草 - 水生植物群落
5	田洋	E：110°19′19.46″ N：19°56′52.24″	2.04	0.86	2.15	0.79	66.7	乔 - 草 - 水生植物群落
6	田洋	E：110°23′6.85″ N：19°55′40.49″	3.11	0.89	2.50	0.82	61.9	乔 - 灌 - 水生植物群落
7	河溪	E：110°17′11.86″ N：19°47′19.6″	2.49	0.89	2.37	0.80	60.0	乔 - 灌 - 水生植物群落
8	河溪	E：110°19′1.3″ N：19°56′52.97″	2.24	0.85	2.13	0.75	52.9	灌 - 草植物群落
9	池塘	E：110°19′0.02″ N：19°46′10.17″	2.01	0.79	1.92	0.73	64.3	灌 - 草植物群落
10	河溪	E：110°23′53.94″ N：19°55′54.77″	2.50	0.89	2.49	0.88	70.6	灌 - 水生植物群落
11	河溪	E：110°18′55.02″ N：19°56′37.92″	2.17	0.87	2.32	0.84	50.0	草 - 水生植物群落

续表

样地号	样地湿地类型	地理位置	d_{Ma}指数	D_s指数	H指数	J指数	景观植物占比（%）	群落结构
12	水库	E: 110°19′8.44″ N: 19°56′15.01″	2.63	0.79	1.94	0.70	52.6	草本植物群落
13	田洋	E: 110°24′16.45″ N: 19°51′26.19″	1.81	0.82	1.90	0.72	64.3	草本植物群落
14	湖泊	E: 110°21′14.7″ N: 19°57′43.72″	1.76	0.69	1.43	0.65	50.0	水生植物群落

从各指数关系图（图 7-2 ~ 图 7-5）与各指数对照图（图 7-6）可以看出，群落的物种丰富度指数 d_{Ma} 相差较明显，而均匀度指数 J 相差最小，且都较高，1 号样地 d_{Ma} 指数、D_s 指数与 H 指数都最高，14 号样地 d_{Ma} 指数、D_s 指数与 H 指数都最低，反映出群落结构的组合方式对 Margalef 丰富度指数、Simpson 多样性指数、Shannon-Wiener 多样性指数都有一定影响，对 Margalef 丰富度指数影响最为明显，一般来说，乔、灌、草、水生植物组合层次多则物种更为丰富，Margalef 丰富度指数更高。Pielou 均匀度指数却与群落组合层次无明显相关，主要受植物性质的影响，入侵植物的强弱与多少对 Pielou 均匀度指数影响明显，样地 3、4、14 号的 Pielou 均匀度指数都低于 0.7，因为其优势植物有强入侵植物凤眼莲或薇甘菊。藤本植物薇甘菊可覆盖草本，也可攀缘于乔灌木冠层顶部，阻碍附主植物的光合作用继而导致附主死亡；凤眼莲具有很强的无性繁殖能力，能快速铺满水面而使其他水生植物生存艰难，因而各多样性指数大大降低。样地 14 号既是单层次样方，优势种入侵植物又占绝对优势，因而各多样性指数都低。14 个样地中有 12 个景观植物物种数占样方植物物种总数的比率≥50%，表明所选样方具有较好代表性，也验证了景观植物资源丰富的论点，但占比与群落组合层次、湿地性质、优势种等并无明显关联。

7.2 植被景观的配置模式与应用

根据羊山湿地景观植物群落的特征，对景观植物进行组合与搭配，剔除强入侵物种，筛选掉景观效果一般物种，同时增加一些植物丰富景观层次，优化提炼出植物景观应用模式；运用 HAP 法对应用模式进行评价，对得分 60 分以上（100 分制）的模式建议景观运用（表 7-4）。

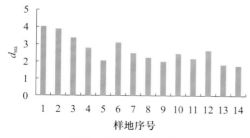

图 7-2 样地与 d_{Ma} 关系图

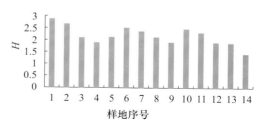

图 7-3 样地与 H 关系图

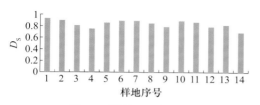

图 7-4 样地与 D_s 关系图

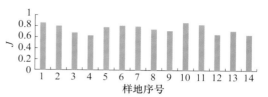

图 7-5 样地与 J 关系图

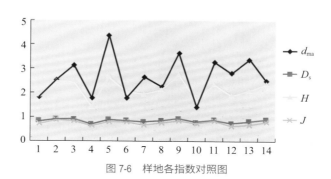

图 7-6 样地各指数对照图

表 7-4 景观植物配置应用模式（括号内植物为点缀种植）

模式编号	配置模式	AHP法评价值	景观模式结构	生境
1	苦楝＋（乌桕）- 鹊肾树 - 斑茅＋海芋＋毛蓼	81.076	乔 - 灌 - 草	陆生或岸际
2	厚皮树＋潺槁木姜子 - 酒饼簕＋鹅掌藤 - 假马鞭＋（落地生根）	67.873	乔 - 灌 - 草	
3	鹧鸪麻 - 狼尾草＋倒地铃＋囊颖草	80.135	乔 - 草	
4	玉蕊 - 风箱树 - 毛蕨 - 水龙＋（雾水葛）＋蕹菜	84.971	乔 - 灌 - 草 - 水生	岸际 - 水体

续表

模式编号	配置模式	AHP法评价值	景观模式结构	生境
5	龙眼睛 + 山榕 - 铺地黍 - 荘芏	64.750	灌 - 草 - 水生	岸际 - 水体
6	露兜 + 光叶藤蕨 - 光蓼 - 水龙 + 蕹菜	82.878		
7	卡开芦 + 野芋 - 毛蕨 + 圆叶节节菜	79.157	草 - 水生	岸际 - 水体
8	水毛花 + 水角 + (田基麻) - 水菜花 + 邢氏水蕨	72.042		

7.2.1 模式1

本模式采用苦楝 + 乌桕 - 鹊肾树 - 斑茅 + 海芋 + 毛蓼配置,其中优势种为苦楝与斑茅,如图 7-7 所示。苦楝为楝科落叶乔木,喜湿、喜光、耐酸性土质。乌桕为大戟科落叶乔木,色叶树种,对土壤适应强,喜光、耐湿。鹊肾树为桑科乔木或灌木,耐湿、耐酸性土。斑茅为禾本科多年生草本植物,多生于溪涧草地,耐湿、耐干。海芋为天南星科多年生草本植物,大型观叶植物,喜高温、耐湿、耐阴,不耐强光照射。毛蓼为蓼科一年生草本植物,生于水旁或林下。

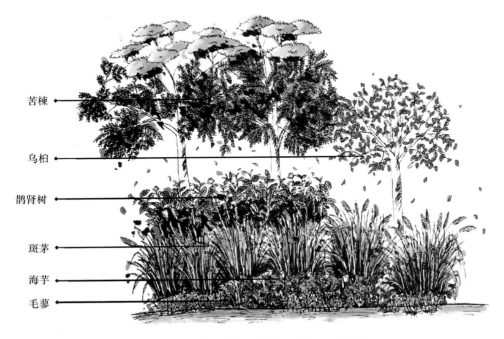

图 7-7 苦楝 + 乌桕 - 鹊肾树 - 斑茅 + 海芋 + 毛蓼配置模式
(申益春提炼,王銮凤绘图)

乔木层采用苦楝和乌桕搭配，落叶树种苦楝点缀搭配种植色叶树种乌桕，苦楝枝形开展，在4—10月会盛开白色小花，乌桕点缀种植于林缘或水边，在秋冬时叶片则会变为红色，增添季相变化色彩。灌木层则为鹊肾树，草本层斑茅枝条为黄绿色，而花序则为黄白色，鹊肾树树皮粗糙呈深灰色，两者搭配如质感、色彩形成对比，增加丰富度，且鹊肾树黄色小果可食，可吸引鸟类。其下层的海芋可在树荫或丛荫下片植，它株型美、叶形与叶色俱佳，是优良的观叶植物，株形挺拔，茎干粗壮古朴，叶片肥大、光亮，给人生机盎然的感觉，并且它生长十分旺盛、壮观，具有热带雨林风光；而毛蓼则夹杂其中小丛生长，毛蓼纤细修长的茎叶与海芋丰满圆润大叶形成对照，花季红色的小花热烈盛开，火红一片，突出野性自然美。

此模式对土壤要求不严，适应性广，在河溪、水库、池塘等不同湿地边际皆可种植。

7.2.2　模式2

本模式采用厚皮树＋潺槁木姜子 - 酒饼簕＋鹅掌藤 - 假马鞭＋落地生根组合配置，如图7-8所示。厚皮树为漆树科落叶乔木，生于山坡及溪边，尚未由人工引种种植。潺槁木姜子为樟科（Lauraceae）常绿小乔木，喜光，喜温暖至高温湿润气候，耐干旱、耐瘠薄，对土质要求不严。酒饼簕为芸香科灌木，耐干、耐湿，并有一定耐盐性，鹅掌藤为五加科（Araliaceae）藤状灌木，耐阴、耐湿。假马鞭为马鞭草科（Verbenaceae）多年生草本，生命力强，有一定入侵性，但其发达的根系四通八达，能深深抓住土壤的深处，因而能有效防止水土流失，假马鞭的花不大且为紫色。落地生根为景天科（Crassulaceae）多年生草本，羽状复叶长，小叶长圆形至椭圆形，圆齿底部容易生芽，芽长大后落地即成一新植物，假马鞭顶生圆锥花序长，淡红色或紫红色美观花叶皆可观赏，观赏价值高，也可用于园艺盆栽观赏。

本模式优势种为厚皮树与鹅掌藤。厚皮树为羊山湿地季雨林最常见乡土树种，与潺槁木姜子组合为羊山地区常见，皮厚、树叶为深绿色，树皮粗糙且为灰白色，潺槁木姜子伞形花序较长，每一伞形花序通常有花12朵，花香，花期为5—6月，果为球形，果托浅盘状，果期为9—10月，观赏价值高。下植酒饼簕和鹅掌藤，酒饼簕花期为5—12月，果期为9—12月，常在同一植株上花、果并茂。鹅掌藤叶为绿色，7—8月开花，丰富季相变化。林缘则增加一些开花较长或叶形美观的草本植物增加色彩搭配，突破沉闷。假马鞭紫蓝色的花朵开在长长的花序上，随风摇曳，淡然雅致，穗状花序上点缀

图 7-8　厚皮树 + 潺槁木姜子 - 酒饼簕 + 鹅掌藤 - 假马鞭 + 落地生根配置模式
（申益春提炼，梁惠婷绘图）

的小花犹如马鞭上绑着几个装饰用的蝴蝶结，非常有趣。点缀种植落地生根叶，落地生根叶片肥厚多汁，边缘长出整齐美观的不定芽，形似一群小蝴蝶，飞落于地，立即扎根繁育子孙后代，美观且颇有奇趣。

此模式为配置模式中最具乡土特色的组合，对土壤要求不高，坡地较干旱或湿地边缘都能种植，但优势植物厚皮树观赏价值不高，且厚皮树、酒饼簕苗木获取途径不普遍，所以统合评分值不高。

7.2.3　模式 3

模式采用鹧鸪麻 - 狼尾草 - 含羞草 + 倒地铃 + 囊颖草组合配置，优势种为鹧鸪麻与狼尾草，如图 7-9 所示。鹧鸪麻为梧桐科大乔木，高可达 12m。狼尾草为禾本科多年生草本，喜冷湿、耐寒、耐贫瘠，适应性广，亦可作水土保持植物。含羞草为多年生草本或亚灌，较易成活，室内、野外皆能种，其独特之处在于当被触动时，叶柄下垂，小叶合闭，有"含羞"意韵。倒地铃为多年生木质藤本，喜温暖湿润，枝条柔软，若未有攀爬物，则会随地势自由生长，对土壤要求一般。囊颖草为禾本科一年生

鹧鸪麻

狼尾草

含羞草

倒地铃

囊颖草

图 7-9　鹧鸪麻 - 狼尾草 - 含羞草 + 倒地铃 + 囊颖草配置模式（申益春提炼，梁惠婷绘图）

草本植物，叶致密，耐水湿。

鹧鸪麻枝形开展，花繁果美，浅红色聚伞状圆锥花序长达 50cm，膨胀蒴果为梨形或略呈圆球形，成熟时为淡绿色而带淡红色，花果观赏期长；林下或林缘片植或丛植狼尾草与含羞草。含羞草白色花似绒球，花、叶和荚果均具有较好的观赏效果，与狼尾草柔软飘逸的茎叶、直立的圆锥花序互为映衬，观赏价值高。囊颖草密密地铺于林缘或水际，叶色会随环境或季节有深绿、浅绿或黄绿等变化，其上倒地铃自由生长，或疏或密，倒地铃蒴果膨大似铃铛，亦似元宵节所提的灯笼，在囊颖草的陪衬下更显可爱。

此模式对土壤要求不严，适应性广，河溪、水库、池塘等不同湿地边际皆可种植。

7.2.4　模式 4

本模式采用玉蕊 + 风箱树 + 毛蕨 + 水龙 + 雾水葛 + 蕹菜组合配置，优势种为玉蕊与蕹菜，如图 7-10 所示。玉蕊为玉蕊科常绿乔木，耐盐碱、耐湿、耐阴、耐旱、耐涝、对低温敏感。风箱树为茜草科落叶灌木或小乔木，喜阴、喜湿，生于水沟旁或溪涧。毛蕨为金星蕨科草本植物，喜阴、耐高温、耐旱。雾水葛为荨麻科多年生草本植物，喜湿、耐阴。蕹菜为旋花科一年生草本植物，喜温、喜湿，耐热、不耐寒。

玉蕊枝叶繁茂、树形优美，能形成大片绿荫，在热带地区几乎全年开花，景色优美，为热带地区常见观赏树种。风箱树因为喜阴、喜湿，能与玉蕊共同构建沿岸景观。春末夏初风箱树会开出白色小花，与玉

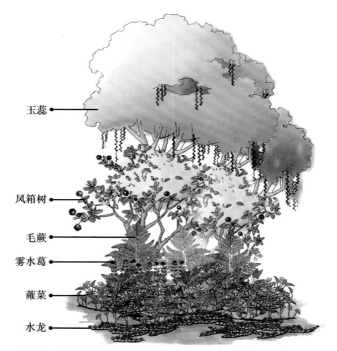

图 7-10　玉蕊 + 风箱树 + 毛蕨 + 水龙 + 雾水葛 + 蕹菜配置模式（申益春提炼，梁惠婷绘图）

蕊粉色小花相映衬。树下毛蕨散乱分布，增加自然感。毛蕨为羊山湿地内常见植物，植株高可达 1.3m，耐干、耐湿，适宜生于疏林下。雾水葛与蕹菜衔接水面，与水龙相映衬，形成延绵成片的自然河岸。开花时节，蕹菜大型白花竞相斗艳，而水龙白黄色小花则犹如繁星点点，浪漫诗意。

此模式对环境要求不严，适应性广，观赏价值高，且风箱树、水龙、蕹菜都有较强的净化水环境的能力。

7.2.5　模式 5

本模式采用龙眼睛 + 山榕 - 铺地黍 - 茳芏组合配置，优势种为龙眼睛与铺地黍，如图 7-11 所示。龙眼睛为大戟科直立或蔓状灌木，生于丘陵山坡或水缘，耐旱又耐湿，在羊山地区不少水中岛上也生长茂盛。山榕为桑科多年生灌木，喜生于山谷或溪边潮湿地带。铺地黍为禾本科多年生草本植物，喜生于海边、溪边及潮湿之地。茳芏为莎草科多年生草本，喜生于水田间，是改良盐碱地的优良草种。

龙眼睛在春季开绿白色的花，果为圆球形，成熟时为红色，植株在秋冬季会部分

图 7-11　龙眼睛 + 山榕 - 铺地黍 - 茳芏组合配置模式（申益春提炼，王銮凤绘图）

落叶，有一定的季相变化。山榕果实单生于叶腋或落叶枝上，球形或梨形，绿色，有一定特色，但枝叶稀疏，枝条零乱，景观效果不佳。铺地黍茎柔韧，叶细长，叶色翠绿，当满铺地表时，郁郁葱葱，有较好的景观效果，可随意植于林下，也可丛植于龙眼睛与山榕边缘，作为岸际至水体的过渡。茳芏可随意群植于水缘，也可丛植点缀于水中，茳芏茎叶柔美，种植线曲折自然，富有野趣。

　　本模式适应性强，适宜种植于河溪、湖泊、水库、田洋等各种湿地类型中，尤其适应于水位变化明显的地段，打造野趣粗犷景观。另外，各种类植物耐湿性好，可植于水位变化的水中岛屿。但龙眼睛与山榕枝条都呈蔓性，且龙眼睛半落叶，景观层次较凌乱，景观效果较一般。

7.2.6　模式 6

　　本模式采用露兜 + 光叶藤蕨 - 光蓼 - 水龙 + 蕹菜组合配置，优势种为露兜与水龙，如图 7-12 所示。露兜树为多年生灌木，光叶藤蕨为光蕨类本质藤本。光蓼为蓼科一年生草本，生于近水边。水龙与蕹菜生命力旺盛，在热带、亚热带地区广泛分布，在水缘、水中都生长良好且对水环境要求不严。

　　露兜树枝形独特，果大而美，极具热带风情，搭配以嫩红或黄绿色叶的光叶藤蕨，增加色彩搭配。光蓼沿岸际片植或丛植，高低错落，增加韵律感，成片开花时浪漫绯红。微风拂过，白色的水龙花与岸际火红的水蓼摇曳起伏，相映成趣。水龙可种植在水体边缘或中央，可由边缘向中央延伸，亦可由圆心向四周扩散。

127

露兜

光叶藤蕨

光蓼

蕹菜

水龙

图 7-12　露兜 + 光叶藤蕨 - 光蓼 - 水龙 + 蕹菜组合配置（申益春提炼，梁惠婷绘图）

本模式对土壤、水质要求不严，且有较强的净化水体功能，管理粗放，适宜于大多数水体，四季都有景可观，很值得推广运用。

7.2.7　模式 7

本模式采用卡开芦 + 野芋 + 毛蕨 + 圆叶节节菜组合配置，优势种为卡开芦与毛蕨，如图 7-13 所示。卡开芦为禾本科高大草本，秆直立，圆锥花序具稠密分枝与小穗。野芋为多年生草本，喜阴、喜湿，耐寒、耐旱，不耐积水。圆叶节节菜为千屈菜科一年生草本，喜水湿。毛蕨为金星蕨科草本植物，喜生于山谷溪旁潮湿处，但也较耐干旱、高温，适应性强。

卡开芦秆挺拔，叶纤细修长，加上大型圆锥花序，群植大片，迎风摇曳，野趣横生，观赏价值高。边缘植毛蕨与野芋，此消彼长呈动态变化，毛蕨披针形叶与野芋倒卵形叶对比明显，加上野芋紫色佛焰苞与红色果点缀，野趣而又不失美观。圆叶节节菜植于水缘，边缘线自由灵动，淡紫红色穗状花序与深绿色野芋、毛蕨相互映衬，微

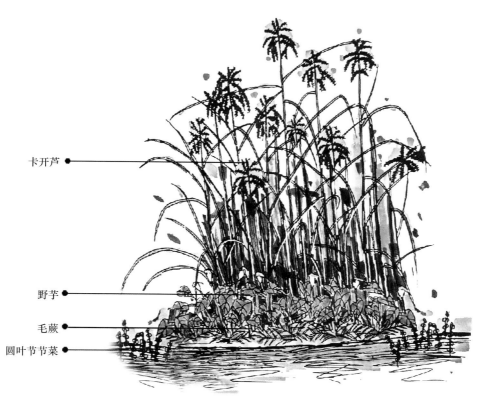

卡开芦

野芋

毛蕨

圆叶节节菜

图 7-13　卡开芦 + 野芋 + 毛蕨 + 圆叶节节菜模式（申益春提炼，王銮凤绘图）

风拂过，虽动犹静。

　　本模式对环境要求不高，适宜池塘、河溪、湖泊等各类水系种植，水际植物还能耐短期无水（只需土壤潮湿即可），即水位变化显明之处也能适应。

7.2.8　模式 8

　　本模式采用水毛花 + 水角 + 田基麻 - 水菜花 + 水蕨组合配置，优势种为水毛花与水菜花，如图 7-14 所示。水毛花为与水角都为多年生水生草本，生于湖边湿地或稻田，田基麻为中国单种科一年生草本，喜水湿。水菜花与水蕨都为国家二级野生保护植物，水生草本，其中水菜花在中国仅分布于海南琼北的海口、澄迈、定安等地。

　　纤细修长的水毛花与水角、田基麻高低错落，片植或丛植于水缘，形成具有自然感的独特韵律岸际线，水角的粉红色小花与田基麻的蓝色小花在花季一簇簇盛开，甚是优美。水蕨可衔接水体与岸际，也可长于水体中。水菜花柔软的茎叶随波荡漾，洁白的花朵、淡黄色的花蕊在绿叶及水蕨柔软多变枝叶的映衬下更显婀娜多姿，盛花时节，一朵朵小花散落在平静的水面上，繁花似锦，美不胜收。

水毛花

水角

田基麻

水蕨

水菜花

图 7-14　水毛花 + 水角 + 田基麻 - 水菜花 + 水蕨组合配置（申益春提炼，王銮凤绘图）

因水菜花与水蕨对水质要求较高，此模式主要应用于原生地植被修复，适应面较窄，但其生态学价值独特，景观价值高，也可用于水生园种植以供鉴赏。

羊山湿地植物资源丰富，蕴含不少景观与生态效果俱佳的自然植物配置模式。本章首先对羊山湿地景观植物样地进行调查，共记录了 193 种植物，86 种可列为景观植物，占调研植物的 44.6%，其中草本为 40 种，可见羊山湿地景观植物资源尤其是草本景观植物资源异常丰富；然后通过对样方的详细调研，考虑景观与生态的双重效果，选取了 14 个较为典型的景观植物群落作为配置模式的基础；最后运用 AHP 评价法从植物的景观观赏性、生态适应性、可推广程度等几个方面进行综合评价，提炼出 8 个景观植物应用模式。所有景观植物应用模式都能在自然界中找到蓝本，并通过一年的野外观察，验证其生态功能与景观功能都相对稳定。另外，不管是在湿地植物的调研还是景观群落的观察中，我们都发现羊山湿地入侵植物较多，对植物群落结构产生了一定的影响，尤其是强入侵植物薇甘菊与凤眼莲严重破坏了群落的平衡，使其各多样性指数都大大降低。所以近自然园林的营造除了以自然为蓝本，借鉴自然界优秀的植物配置模式外，还需慎重对待外地物种。

当然，由于时间及学识有限，本章存在一定的局限性，对样方的选择不能覆盖全部；另外，极少数观赏性与生态性俱佳的植物，因出现频度过低而未考虑到景观应用模式中，如鱼木、滑桃树等，因此可能漏掉一些优秀的景观植物组合模式。

附录1 羊山湿地景观植物资源

名称	生活型	科名	拉丁名	观赏部位	观赏季节	观赏特性
潺槁木姜子	乔木	樟科	*Litsea glutinosa*	形、花	四季	枝干挺拔，枝叶繁茂；伞形花序，花丝长，灰黄色，似绒球，适合观赏
海南蒲桃	乔木	桃金娘科	*Syzygium hainanense*	花、果	春、夏、秋	花白，花期长，形态优美，千姿百态；果形美、色鲜，观赏价值高
黑嘴蒲桃	乔木	桃金娘科	*Syzygium bullockii*	花、果	春、夏、秋	花小且繁，圆锥花序，淡雅清新；果椭圆，果色诱人，观赏性强
洋蒲桃	乔木	桃金娘科	*Syzygium samarangense*	花、果	春、夏、秋	花白色，聚伞花序，洁白如玉，清新高雅；果圆锥形，果实丰硕，适合观赏
蒲桃	乔木	桃金娘科	*Syzygium jambos*	形、花	春、夏、秋	树冠丰满浓郁，姿态优美；聚伞花序，白色，清新高雅，花色迷人，适合观赏
玉蕊	乔木	玉蕊科	*Barringtonia racemosa*	花、叶	四季	花白且繁，总状花序，花期长，花型独特，淡雅清新，赏心悦目；叶为倒卵形，枝叶婆娑，四季常绿，可观性高
翻白叶树	乔木	梧桐科	*Pterospermum heterophyllum*	叶	四季	叶两面异色，狭披针形，叶色独特，观赏价值高
鹧鸪麻	乔木	梧桐科	*Kleinhovia hospita*	花、果	春、夏、秋	花浅红色，聚伞状圆锥花序，赏心悦目；蒴果为梨形，成熟时淡绿色带淡红色，颜色丰富，适合观赏
爪哇木棉	乔木	木棉科	*Ceiba pentandra*	花	春、夏	花瓣淡红或黄白色，花大色艳，热烈奔放，观赏俱佳
黄槿	乔木	锦葵科	*Hibiscus tiliaceus*	花、形	四季	花冠为钟形，黄色，花期全年，花叶扶疏；枝叶茂盛，形态优美，观赏价值高
五月茶	乔木	大戟科	*Antidesma bunius*	果	夏、秋	果近球形或椭圆形，成熟时为红色，果形独特，适合观赏

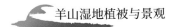

续表

名称	生活型	科名	拉丁名	观赏部位	观赏季节	观赏特性
方叶五月茶	乔木	大戟科	*Antides maghaesembilla*	果	夏、秋	果近圆球形，成熟时为红色，适合观赏
大叶榄仁	乔木	使君子科	*Terminalia catappa*	形、叶	四季	树姿优美独特，观赏性强；叶为倒卵形，叶色春季新芽翠绿，秋冬落叶前转变为黄色或红色，四季变化明显，美丽动人
短穗鱼尾葵	乔木	棕榈科	*Caryota mitis*	形、叶	四季	植株丛生状生长，树形丰满且富层次感；叶片为翠绿色，羽片呈楔形或斜楔形，颇有热带风姿
秋枫	乔木	大戟科	*Bischofia javanica*	形	四季	树叶繁茂，树冠圆盖形，树姿壮观
白楸	乔木	大戟科	*Mallotus paniculatus*	花、叶	四季	叶为卵形，深绿色和白色，叶色独特；花为白色，细小而平整，可观性高
乌桕	乔木	大戟科	*Sapium sebiferum*	叶	四季	春秋季叶色红艳夺目，树冠整齐，叶形秀丽，秋叶经霜时如火如荼，十分美观，冬日白色乌桕子挂满枝头，经久不凋，也颇为美观
滑桃树	乔木	大戟科	*Trewia nudiflora*	形、花	夏、秋	树姿宏丽，枝叶扶疏；花黄，形态优美，吐花展瓣，适合观赏
鸡冠刺桐	乔木	豆科	*Erythrina crista-galli*	叶、花	四季	羽状复叶，形态独特，观赏性强；花为深红色，姿态优美，花繁叶茂，且色泽艳丽
酸豆	乔木	豆科	*Tamarindus indica*	形、果	四季	树冠呈球形，树姿宏丽，枝叶扶疏；荚果为棕褐色，圆柱状长圆形，形状独特，适合观赏
波罗蜜	乔木	桑科	*Artocarpus heterophyllus*	果	四季	聚花果椭圆形至球形，果大，似榴莲，果形独特，颇有热带风姿
大果榕	乔木	桑科	*Ficus auriculata*	果	四季	榕果簇生于树干基部或老茎短枝上，红褐色，果色鲜艳，适合观赏
鱼木	乔木	山柑科	*Crateva formosensis*	花	夏	伞房花序，淡绿黄、淡黄和淡紫色，颜色丰富，花繁覆盖冠幅，观赏价值高
文丁果	乔木	杜英科	*Muntingia colabura*	花、果	四季	花冠白色，缕缕清香，淡雅清新；圆形浆果，成熟时红色至深红色，颜色鲜艳，具观赏价值
簕欓花椒	乔木	芸香科	*Zanthoxylum avicennae*	花、果	夏、秋、冬	花序顶生，花多，花瓣黄白色，缕缕清香；果为淡紫红色，颜色鲜艳，适合观赏
大叶山棟	乔木	棟科	*Aphanamixis grandifolia*	形、果	春、秋、冬	树姿宏大、美丽，引人注目；果实为球形褐色，外形似桂圆，果形独特，具观赏价值

名称	生活型	科名	拉丁名	观赏部位	观赏季节	观赏特性
苦楝	乔木	楝科	*Melia azedarach*	形、花、果	春、秋	树形优美，叶形秀丽；圆锥花序，淡紫色，秀丽淡雅，缕缕清香；果为球形至椭圆形，颇美丽动人，观赏价值高
麻楝	乔木	楝科	*Chukrasia tabularis*	花、果	四季	圆锥花序，黄色略带紫，异香扑鼻，观赏效果佳；果为灰黄色或褐色，近球形或椭圆形，果形独特
山楝	乔木	楝科	*Aphanamixis polystachya*	花、果	四季	穗状花序，黄白色，花香醉人，清新高雅；果为卵形，橙黄或橙红色，果形色俱佳，适合观赏
龙眼	乔木	无患子科	*Dimocarpus longan*	花、果	春、夏	花序大型，乳白色，披针形，缕缕清香，具观赏价值；果近球形，黄褐色或灰黄色，颜色丰富独特
荔枝	乔木	无患子科	*Litchi chinensis*	花、果	春、夏	聚伞花序，圆锥状排列；果为卵圆形至近球形，果皮有鳞斑状凸起，鲜红有特色，具观赏价值
土坛树	乔木	八角枫科	*Alangium salviifolium*	花、果	春、夏	聚伞花序，白色至黄色，浓香四溢，形态万千；果卵圆形，成熟时呈红色，似樱桃红艳，数量繁多，观赏价值高
倒吊笔	乔木	夹竹桃科	*Wrightia pubescens*	花、果	四季	花冠为漏斗状，白色、浅黄或粉红色，色彩斑斓；果实形状为纺锤形，黄褐色，形美观独特，可观性高
海南菜豆树	乔木	紫葳科	*Radermachera hainanensis.*	形、花	四季	树形美观，树姿优雅；圆锥花序，淡黄色，花期长，花大、花香淡雅，观赏价值高
猫尾木	乔木	紫葳科	*Dolichandrone cauda-felina*	花、果	春、夏、秋	花大，淡黄至金黄色，花朵美丽动人；果实垂挂，状似猫尾，颇有独特，适合观赏
椰子树	乔木	棕榈科	*Cocos nucifera*	形、叶、果	四季	单项树冠，枝干挺拔，造型独特，具热带特色；羽状全裂，叶形优美且独特；果实为倒卵形或近球形，果形优美，适合观赏
细基丸	灌木	番荔枝科	*Polyalthia cerasoides*	形、果	四季	树冠为塔形，干形通直，树形宏大、美丽；果实近圆球状或卵圆状，红色，果形独特，观赏性强
紫玉盘	灌木	番荔枝科	*Uvaria microcarpa*	花	春、夏	花形独特且花色美丽，幽香醉人，观赏价值高
野牡丹	灌木	野牡丹科	*Melastoma candidum*	花	春、夏	伞房花序，玫瑰红或粉红色，倒卵形，妖媚动人，植株形态甚佳，十分美观，具有很高的观赏价值

续表

名称	生活型	科名	拉丁名	观赏部位	观赏季节	观赏特性
海桐	灌木	海桐花科	*Pittosporum tobira*	花、形	四季	伞形花序，花白色和黄色，艳丽动人；株形圆整，四季常青，具很高的观赏价值
量天尺	灌木	仙人掌科	*Hylocereus undatus*	花、果	四季	花大，白色或红色，芳香扑鼻；果红色，长球形，造型独特，观赏价值高
桃金娘	灌木	桃金娘科	*Rhodomyrtus tomentosa*	花、果	春、夏	花先白后红，红白相映，十分艳丽，花期较长；果颜色由鲜红色转为绛红色，株形紧凑，十分美观，适合观赏
黄花稔	灌木	锦葵科	*Sida acuta*	花	春、冬	花黄，倒卵形，花色亮眼，适合观赏
榛叶黄花稔	灌木	锦葵科	*Sida subcordata*	花	春、冬	花黄色，伞房花序至亚圆锥花序，倒卵形，秀丽淡雅，观赏俱佳
龙眼睛	灌木	大戟科	*Phyllanthus reticulatus*	果	夏、秋	果为圆球形，成熟时呈红色，适合观赏
羽叶金合欢	灌木	豆科	*Acacia pennata*	叶、花	四季	叶羽片，小叶多，叶形很独特；头状花序，白色，圆球形似绒球状，清新高雅，观赏俱佳
朱缨花	灌木	豆科	*Calliandra haematocephala*	花	夏、秋	叶色亮绿，花色鲜红艳丽又似绒球状，甚是可爱，具有很高的观赏价值
望江南	灌木	豆科	*Cassia occidentalis*	花、果	春、夏、秋	伞房状总状花序，黄色，花色亮眼，颇为美观；荚果为带状镰形，褐色，形状极具特色
光荚含羞草	灌木	豆科	*Mimosa sepiaria*	花、果、叶	四季	二回羽状复叶，叶形独特；头状花序球形，白色似绒球状，清新高雅，观赏价值高；荚果为带状，茎直，形态独特，可观赏性强
对叶榕	灌木	桑科	*Ficus hispida*	形、果	四季	树叶茂盛，树姿壮观；果腋生或生于落叶枝，或老茎发出的下垂枝，黄色，较为独特，可观性强
琴叶榕	灌木	桑科	*Ficus pandurata*	叶、果	四季	株型高大，挺拔潇洒，叶片奇特，叶先端膨大呈提琴形状，观赏价值高；榕果单生叶腋，鲜红色，椭圆形或球形，形状独特
牛筋藤	灌木	桑科	*Malaisia scandens*	花	春、夏	花为浅红至深红色，裂片三角形和壶形，形状多样，观赏价值高
美登木	灌木	卫矛科	*Maytenus hookeri*	形、花、果	四季	树姿优雅；聚伞花序，花小，白绿色，品种繁多，秀丽淡雅；果为倒卵形，形状独特，引人注目

名称	生活型	科名	拉丁名	观赏部位	观赏季节	观赏特性
牛筋果	灌木	苦木科	*Harrisonia perforata*	花、果	春、夏	总状花序，白色，芳香扑鼻，淡雅清新，有观赏价值；浆果状，肉质，球形，果形色俱佳
米仔兰	灌木	楝科	*Aglaia odorata*	花、形	四季	花小，米黄色，形似米粒，幽香醉人，花形可爱；枝叶茂盛，形态优美，观赏价值高
滨木患	灌木	无患子科	*Arytera littoralis*	花、果	夏、秋	花白，气味芳香，紧密多花；果椭圆形，红色或橙黄色，观赏效果佳
盐肤木	灌木	漆树科	*Rhus chinensis*	花、叶	四季	圆锥花序，白色，花瓣倒卵状长圆形，开花时外卷，清新高雅；奇数羽状复叶，叶面暗绿色和粉绿色，叶色奇特，白花繁多，适合观赏
柳叶密花树	灌木	紫金牛科	*Myrsine linearis*	叶、花	四季	叶倒卵形或倒披针形，密布腺点；伞形花序，白色或淡绿色，适合观赏
风箱树	灌木	茜草科	*Cephalanthus tetrandrus*	花	春、夏	头状花序，花冠为白色，花形独特似绒球，美观宜人，观赏价值高
粗毛玉叶金花	灌木	茜草科	*Mussaenda hirsutula*	花、叶	四季	聚伞花序，花冠金黄色，萼片呈现雪白色，颜色鲜艳，花形独特；叶为椭圆形或长圆形，裂片披针形，观赏价值极高
玉叶金花	灌木	茜草科	*Mussaenda pubescens*	花、叶	四季	聚伞花序顶生，花冠为金黄色，萼片雪白色，颜色鲜艳，花形独特；叶为卵状长圆形或卵状披针形，观赏价值极高
基及树	灌木	紫草科	*Carmona microphylla*	叶、形	四季	树姿苍劲挺拔，茎干直立，枝干密集仰卧斜出；叶为倒卵形或匙形，高雅清秀，白色小花冰肌玉骨，观赏价值高
假杜鹃	灌木	爵床科	*Barleria cristata*	花	秋、冬	假杜鹃花期正逢百花凋零之际，花为紫堇色，有蓝或白色斑点，花冠为漏斗形，花性独特，枝叶繁茂，颇耐观赏
赪桐	灌木	马鞭草科	*Clerodendrum japonicum*	花、叶	春、夏、秋	花大而开展的圆锥花序，红色，艳丽如火，花期长；叶为圆心形，顶端尖或渐尖，观赏效果极佳
马缨丹	灌木	马鞭草科	*Lantana camara*	花	四季	花初开为黄色或粉红色，继变橘黄色或橙红色，最后变红色，形似绣球，花色缤纷，十分美观
海南龙血树	灌木	百合科	*Dracaena cambodiana*	形、果	四季	树形优美，树势苍劲古朴，文雅清新，枝繁叶茂，树皮嶙峋，绿叶葱郁；浆果红棕，叶形、叶色多姿多彩，独具海南热带风姿

名称	生活型	科名	拉丁名	观赏部位	观赏季节	观赏特性
露兜树	灌木	露兜树科	*Pandanus tectorius*	果、形	四季	树形独特，独具海南热带风姿；聚花果大，橘红色，似菠萝，果形奇特，观赏价值高
红花青藤	藤本	莲叶桐科	*Illigera rhodantha*	花	夏、秋	聚伞花序，玫瑰红色，花色艳丽，花大美观
耳叶马兜铃	藤本	马兜铃科	*Aristolochia tagala*	果	秋、冬	果褐色，倒卵状球形至长圆状倒卵形，果形奇特
红瓜	藤本	葫芦科	*Coccinia grandis*	花、果	夏、秋	总状花序或聚伞花序，钟形，淡雅清新，晶莹璀璨；果为绿色或深红色，果实为纺锤形或近圆矩形，果形独特，可观性强
使君子	藤本	使君子科	*Quisqualis indica*	形、花	四季	形态别致、优美，观赏性强；穗状花序，花白色和淡红色，卵形至线状披针形，花朵美丽鲜艳，花色缤纷多变，且具有清香，十分好看
霸王鞭	藤本	大戟科	*Euphorbia royleana*	茎、花	四季	茎粗壮、延展，姿态优美；花为黄色，总苞杯状，花色艳丽，造型独特，颇有热带风姿
距瓣豆	藤本	豆科	*Centrosema pubescens*	花、果	秋、冬	花为紫白色，宽圆形和镰状倒卵形，清新高雅，异香扑鼻；荚果为线形，形状独特，适合观赏
薜荔	藤本	桑科	*Ficus pumila*	花、果	春、夏	总状花序腋生，白色，花形独特；果近球形，有黏液，果形俱佳，观赏价值高
扶芳藤	藤本	卫矛科	*Euonymus fortunei*	形、叶	四季	藤蔓攀缘、缠绕形，姿态优美；叶为椭圆形、长方椭圆形或长倒卵形，形态各异
小果微花藤	藤本	茶茱萸科	*Iodes vitiginea*	花、果	四季	花为披针形至阔卵形，浅黄色和绿色，花形奇特；果为卵形或阔卵形，绿色和红色，观赏价值高
雀梅藤	藤本	鼠李科	*Sageretia thea*	形、果	四季	花为黄色，穗状花序，匙形，幽香醉人；果为黑色或紫黑色，近圆球形，果形俱佳
白粉藤	藤本	葡萄科	*Cissus repens*	叶、花	四季	叶浓绿光亮，叶片繁茂；花为白色，形状独特，蔓可附支架上生长，极富有野趣，颇耐观赏
蛇葡萄	藤本	葡萄科	*Ampelopsis sinica*	叶、果	四季	叶为椭圆形或披针形，叶片繁茂；果为球形，形状独特，花色宜人恬静，适合观赏
崖爬藤	藤本	葡萄科	*Tetrastigma obtectum*	形	四季	藤盘绕，卷须形，形态优美

续表

名称	生活型	科名	拉丁名	观赏部位	观赏季节	观赏特性
倒地铃	藤本	无患子科	*Cardiospermum halicacabum*	茎、果	四季	果为梨形、陀螺状倒三角形或有时近长球形，果形独特似灯笼，白花优雅浪漫，颇耐观赏；茎形独特，延展性强，姿态优美独特
鹅掌藤	藤本	五加科	*Schefflera arboricola*	叶、形	四季	叶为深绿色和灰绿色，倒卵状长圆形或长圆形，形态多样；叶形独特似鸭脚，形态优美，颇有趣味
球兰	藤本	萝摩科	*Hoya carnosa*	花	春、夏	花为白色，辐状和冠星状，花形优美
眼树莲	藤本	萝摩科	*Dischidia chinensis*	叶、形	四季	叶为卵圆状椭圆形，肉质，顶端圆形，基部楔形；形态优美，适合园林观赏
忍冬	藤本	忍冬科	*Lonicera japonica*	花	春、夏	花为白、黄色，黄白相映，颜色多样，花形独特，十分美观
灯笼果	藤本	茄科	*Physali speruviana*	果	夏、秋	果为球状，橙红色，形状独特，柔软多汁
曼陀罗	藤本	茄科	*Datura stramonium*	花	夏、秋	花为白色或淡紫色，漏斗状，花状独特
掌叶鱼黄草	藤本	旋花科	*Merremia vitifolia*	叶、花	四季	叶轮廓近圆形，裂片三角形或卵状披针形；聚伞花序，黄色，花色亮眼，颇为美观
圆叶牵牛	藤本	旋花科	*Pharbitis purpurea*	花、叶	四季	叶为圆心形或宽卵状心形，形状独特；花为紫红色、红色或白色，花色丰富，适合观赏
大花山牵牛	藤本	爵床科	*Thunbergia grandiflora*	花、形	四季	缠绕延伸、姿态优美；花为蓝色、淡黄色或者外呈白色，花色艳丽，颇耐观赏
天门冬	藤本	百合科	*Asparagus cochinchinensis*	茎、叶	四季	茎为鳞片状，有硬刺；叶为锐三棱形，梢为镰刀状，簇生，适合观赏
蚁蚣藤	藤本	天南星科	*Zanthoxylum multijugum*	叶	四季	叶为深绿色和青绿色，卵状披针形、披针形或为长圆形，形状多样，颇富趣味
邢氏水蕨	草本	凤尾蕨科	*Ceratopteris shingii*	茎、叶	四季	根状茎直立，呈横走状，形状独特；叶片为直立细长状，形状多样，观赏性强
剑叶凤尾蕨	草本	凤尾蕨科	*Pteris ensiformis*	叶	四季	矩圆状卵形，表面光滑，叶片分明，形状丰富，观赏性强
半边旗	草本	凤尾蕨科	*Pteris semipinnata*	叶	四季	叶簇生，光滑，阔披针形至长三角形，形状不拘一格，颇耐观赏
光叶藤蕨	草本	肿足蕨科	*Stenochlaena palustris*	叶	四季	镰状披针形，叶革质，表面光泽，形状奇特优美，颇富观赏价值

续表

名称	生活型	科名	拉丁名	观赏部位	观赏季节	观赏特性
毛蕨	草本	金星蕨科	*Cyclosorus interruptus*	叶	四季	卵状披针形或长圆披针形，近革质，表面光滑，叶形优美，观赏性强
长叶肾蕨	草本	肾蕨科	*Nephrolepis biserrata*	叶	四季	狭椭圆形，叶薄纸质或纸质，簇生，形态优美
鸟巢蕨	草本	铁角蕨科	*Asplenium nidus*	叶	四季	阔披针形叶簇生，形美，叶翠绿清新
抱树莲	草本	水龙骨科	*Drymoglossum piloselloides*	叶、形	四季	远生或略近生，阔圆形，肉质且平滑，形态各异；形态优美，独树一帜，令人神迷
伏石蕨	草本	水龙骨科	*Lemmaphyllum microphyllum*	叶、形	四季	卵状披针形，细柔毛，叶翠绿清新；蓝色花瓣状，总状花序腋生，花姿俊美，颇耐观赏
田字草	草本	苹科	*Marsilea quadrifolia*	叶	四季	十字状，外形像田字，形态独特，观赏性俱佳
延药睡莲	草本	睡莲科	*Nymphaea stellata*	叶、花	四季	圆形或卵形，基部具弯缺，叶形丰富且独特；花形美丽，花瓣多轮，观赏价值高
假蒟	草本	胡椒科	*Piper sarmentosum*	叶	四季	阔卵形或近圆形，基部为心形，颇具特色，引人注目
豆瓣菜	草本	十字花科	*Nasturtium officinale*	花	四季	白色，花细小，总状花序，淡雅清新，观赏性强
落地生根	草本	景天科	*Bryophyllum pinnatum*	叶、果	四季	长圆形至椭圆形，边缘圆齿，形状独特；淡红色或紫红色，卵状披针形，秀丽淡雅，颇具观赏价值
猪笼草	草本	猪笼草科	*Nepenthes sp*	花、叶	四季	绿色或紫色花、颜色丰富；虫笼形似猪笼，奇特、可观性强。盆栽寓意"诸（猪）事顺利""代（袋）代（袋）平安"
锦地罗	草本	茅膏菜科	*Drosera burmanni*	叶、花	四季	莲座状平铺地面，宽匙状叶，边缘腺毛；红色或紫红色，花序花葶状，花色多样
杠板归	草本	蓼科	*Polygonum perfoliatum*	叶、果	四季	三角形，顶端钝或微尖，基部截形或微心形，薄纸质，叶形独具特色；瘦果球形，黑色，有光泽，色形俱佳
火炭母	草本	蓼科	*Polygonum chinense*	叶、花	夏、秋	白色或淡红色，头状花序，淡雅清新，颇耐观赏
水蓼	草本	蓼科	*Polygonum hydropiper*	叶、花	四季	深绿色，披针形，先端渐尖，基部楔形，缘生刺毛，叶片繁茂；白色、红色，穗状花序，淡雅清新，观赏性强

名称	生活型	科名	拉丁名	观赏部位	观赏季节	观赏特性
光蓼	草本	蓼科	*Polygonum glabrum*	叶、花	四季	总状花序穗状，长 4～12cm，花排列紧密，白色或淡红色，通常数个穗状花序再组成圆锥状，花开热烈，火红一片
红蓼	草本	蓼科	*Polygonum orientale*	花	夏、秋	花为淡红色或白色，椭圆形，总状花序，迎风摇曳，仪态万千
红花酢浆草	草本	酢浆草科	*Oxalis corymbosa*	花	四季	淡紫色至紫红色，倒心形，花色丰富，清新高雅
水角	草本	凤仙花科	*Hydrocera triflora*	叶、花	四季	叶互生，线状披针形，边缘小锯齿；杂色、白色、红色或黄色，卵状长圆形，花色丰富，四季变化明显
圆叶节节菜	草本	千屈菜科	*Rotala rotundifolia*	花	春、夏、冬	淡紫红色，倒卵形，穗状花序，秀丽淡雅，极具观赏价值
草龙	草本	柳叶菜科	*Ludwigia linifolia*	花，果	四季	花为黄色，蒴果的中央部分微微弯曲，貌似迷你的小香蕉
毛草龙	草本	柳叶菜科	*Ludwigia octovalvis*	花，果	夏、秋	花为黄色，十分亮丽，绿色至红褐色的蒴果呈长圆筒状，蒴果的中央部分微微弯曲，貌似迷你的小香蕉，有较佳的景观效果
水龙	草本	柳叶菜科	*Ludwigia adscendens*	花、形	四季	花瓣为乳白色，基部为淡黄色，倒卵形，迎风摇曳，清新高雅；延展性强，形态优美，观赏效果好
四蕊狐尾藻	草本	小二仙草科	*Myriophyllum tetrandrum*	花、形	四季	黄色、白色，匙形，芳香馥郁，秀丽淡雅；形态优美，颇具特色，适合观赏
龙珠果	草本	西番莲科	*Passiflora foetida*	花、果	四季	花为白色或淡紫色，具白斑，端庄典雅，绚丽多彩；浆果为卵圆球形，绿色和黄色，四季变化明显
黄葵	草本	锦葵科	*Abelmoschus moschatus*	花	夏、秋	黄色，花大，花萼佛焰苞状，花状奇观，观赏价值高
叶下珠	草本	大戟科	*Phyllanthus urinaria*	叶	四季	全绿，先端尖或钝，基部圆形，叶片繁茂
猩猩草	草本	大戟科	*Euphorbia cyathophora*	苞片、花	夏、秋、冬	总苞形似叶片，基部大红色，也有半边红色、半边绿色的。上面簇生出红色的苞片，艳如鲜花，观赏价值高
豆茶决明	草本	豆科	*Cassia nomame*	花、果	夏、秋、冬	黄色，卵形，总状花序，婀娜多姿；荚果扁平而直，果形独具特色
决明	草本	豆科	*Cassia tora*	花、果	夏、秋	黄色，花色丰富，花枝招展，适合观赏；荚果纤细，近四棱形，果形独特

续表

名称	生活型	科名	拉丁名	观赏部位	观赏季节	观赏特性
野扁豆	草本	豆科	*Dunbaria villosa*	花、果	夏、秋	黄色，总状花序，花枝招展，适合观赏；线形，形状独特，果形俱佳
田菁	草本	豆科	*Sesbania cannabina*	花、叶	四季	线状长圆形，叶形独具特色；黄色，总状花序，阔卵形，花形秀丽淡雅
狸尾草	草本	豆科	*Uraria lagopodioides*	花	夏、秋	紫色或黄色，旗瓣阔、翼瓣和龙骨瓣，花瓣形状多样，独特优美
雾水葛	草本	荨麻科	*Pouzolzia zeylanica*	叶	四季	卵形或宽卵形，边缘全缘，叶形丰富，观赏性强
小叶冷水花	草本	荨麻科	*Pilea microphylla*	叶、花	四季	绿色和浅绿色，倒卵形至匙形，细蜂巢状，叶形独特而引人注目；黄色，聚伞花序，卵形，吐花展瓣，颇耐观赏
乌蔹莓	草本	葡萄科	*Cayratia japonica*	花、果	春、夏、秋	白色，花序腋生，三角状卵圆形，萼为碟形、边缘全缘或波状浅裂；黑色，果实近球形，果形色俱佳，适合观赏
破铜钱	草本	伞形科	*Hydrocotyle sibthorpioides*	叶	四季	深绿色和绿色，单叶互生，圆形或近肾形，叶面光滑，色形独具特色
灰莉	草本	马钱科	*Fagraea ceilanica*	花、叶	四季	花大，白色，形状多样，淡雅清新；深绿色，肉质，楔形或宽楔形，独具特色
钻叶紫菀	草本	菊科	*Aster subulatus*	花	夏、秋	淡红色、红色、紫红色或紫色，线形，花色丰富，观赏价值高
沼菊	草本	菊科	*Enydra fluctuans*	花	秋、冬、夏	白色，管状花与舌状花，裂片稍钝、多裂或细齿，秀丽淡雅，娇艳多姿
金银莲花	草本	莕菜科	*Nymphoides indica*	叶、花	四季	漂浮，近革质，宽卵圆形或近圆形，基部为心形，叶形独特；白色和黄色，裂片卵状椭圆形，花色丰富，如诗如画，观赏性好
半边莲	草本	桔梗科	*Lobelia chinensis*	花	春、夏、秋	粉红色或白色，花萼筒倒长锥状，花形独特，婀娜多姿
短柄半边莲	草本	桔梗科	*Lobelia alsinoides*	花	四季	淡蓝色总状花序，花萼筒杯状钟形，品种繁多，淡雅清新
田基麻	草本	田基麻科	*Hydrolea zeylanica*	花、形	四季	蓝色，总状花序或聚伞花序，萼裂片为针形，晶莹璀璨，仪态万千；形态独特优美，独树一帜，令人流连忘返
大尾摇	草本	紫草科	*Heliotropium indicum*	花、叶	四季	茎粗壮多分枝，叶大卵形或椭圆形，花白色，镰状聚伞花序，妩媚动人

名称	生活型	科名	拉丁名	观赏部位	观赏季节	观赏特性
水茄	草本	茄科	*Solanum torvum*	花、果	四季	白色，萼杯状，伞房花序，迎风摇曳，芳香馥郁；浆果黄色光滑，圆球形，果形独特，适合观赏
五爪金龙	草本	旋花科	*Ipomoea cairica*	花、形	四季	紫红色、紫色或淡红色、白色，聚伞花序腋生，色彩斑斓，艳丽动人；缠绕，螺旋状，形态优美独特，适合园林观赏
蕹菜	草本	旋花科	*Ipomoea aquatica*	花，叶	春、夏、秋	叶为卵形、长卵形居多，花白色，聚伞花序腋生，花叶相得益彰
小心叶薯	草本	旋花科	*Ipomoea obscura*	花、形	四季	白色或淡黄色，聚伞花序腋生，花色丰富，花枝招展；缠绕、螺旋状，形状优美，适合观赏
假马鞭	草本	马鞭草科	*Stachytarpheta jamaicensis*	花	四季	蓝色，穗状花序，花序轴圆形，绚丽多彩，颇耐观赏
水菜花	草本	水鳖科	*Ottelia cordata*	花	春、夏	白色、黄色，倒卵形，花色四季变化明显，有利于观赏
黄花蔺	草本	泽泻科	*Limnocharis flava*	花、叶	四季	褐色或暗褐色，马蹄形，具多条横生薄翅，叶形独特；淡黄色，宽卵形至圆形，娇艳多姿，迎风摇曳
鸭跖草	草本	鸭跖草科	*Commelina communis*	花、叶	四季	蓝色和白色，佛焰苞状，花色丰富，品种繁多；披针形至卵状披针形，叶序互生，形状多样
水竹叶	草本	鸭跖草科	*Murdannia triquetra*	花	夏、秋	粉红色、紫红色或蓝紫色，倒卵圆形，花色丰富，观赏价值高
闭鞘姜	草本	姜科	*Costus speciosus*	叶、花	四季	长圆形或披针形，顶端渐尖或尾状渐尖，基部近圆形，叶色独具特色；红色，穗状花序，仪态万千，秀丽淡雅
草豆蔻	草本	姜科	*Alpinia katsumadai*	叶、花	四季	狭椭圆形或披针形，叶片疏毛或光滑，形态优美，引人注目；白色，造型奇特，清香扑鼻，观赏性俱佳
柊叶	草本	竹芋科	*Phrynium capitatum*	叶、花	四季	叶大，长圆形或长圆状披针形，叶面光滑，造型独特；白色，萼片线形，头状花序，花气袭人，如诗如画
紫背竹芋	草本	竹芋科	*Stromanthe sanguinea*	花、叶	四季	深绿色和血红色，长卵形或披针形，叶形独特而适合观赏；白色，穗状花序，端庄典雅，吐花展瓣

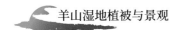

续表

名称	生活型	科名	拉丁名	观赏部位	观赏季节	观赏特性
山菅	草本	百合科	*Dianella ensifolia*	花、果	春、夏	白色，片条状披针形，顶端圆锥花序，洁白无瑕，花气逼人；近球形，深蓝色，果形独特，颇具观赏价值
凤眼莲	草本	雨久花科	*Eichhornia crassipes*	花、叶	四季	紫蓝色，穗状花序，花形状独特，观赏价值高；叶片圆形，深绿色，莲座状排列，独具特色，适合观赏
箭叶雨久花	草本	雨久花科	*Monochoria hastata*	花	四季	淡蓝色，总状花序腋生，花色艳丽，仪态万千
雨久花	草本	雨久花科	*Monochoria korsakowii*	花、叶	四季	蓝色，总状花序，椭圆形，绚丽多彩，光艳照人；叶宽卵状心形，全缘，具多数弧状脉，叶面光滑，叶形独具特色
高葶雨久花	草本	雨久花科	*Monochoria valida*	花、叶	四季	蓝色，总状花序，花色丰富，艳丽动人，观赏性强；基部矢状至基部裂片具钝状，形状多样，颇耐观赏
菖蒲	草本	天南星科	*Acorus calamus*	花	夏、秋	花黄绿色，肉穗花序，叶状佛焰苞剑状线形，淡雅清新，芳香馥郁
海芋	草本	天南星科	*Alocasia macrorrhiza*	叶、果	四季	大型，叶片亚革质，草绿色，箭状卵形，边缘波状，姿态万千；浆果红色，卵状，果形俱佳，观赏性强
野芋	草本	天南星科	*Colocasia antiquorum*	叶、果	四季	大型，草绿色，箭状卵形，叶面光滑，独具特色；花大，红色，艳丽动人，仪态万千
尖尾芋	草本	天南星科	*Colocasia esculenta*	叶	四季	叶片膜质，深绿色，宽卵状心形，叶形优美独特，令人神迷
紫芋	草本	天南星科	*Colocasia tonoimo*	叶、花	四季	叶盾状，卵状箭形，叶柄及叶脉紫黑色，十分醒目；肉穗花序，黄色和紫色，新鲜娇嫩
麒麟叶	草本	天南星科	*Epipremnum pinnatum*	叶	四季	叶片为狭披针形或披针状长圆形，基部为心形，形状独具特色，观赏性强
大藻	草本	天南星科	*Pistia stratiotes*	叶、花	四季	叶簇生，呈倒卵状楔形，顶端圆钝并呈微波状，形态多样；白色，穗状花序，晶莹欲滴，淡雅清新，颇耐观赏
水烛	草本	香蒲科	*Typha angustifolia*	花、果	夏、秋	黄色，穗状花序，圆柱状，赏心悦目；长椭圆形，褐色斑点，果形俱佳，观赏性强
文殊兰	草本	石蒜科	*Crinum asiaticum*	花、叶	四季	暗绿色，带状披针形，边缘波状，形状独特；白色，伞形花序，赏心悦目，观赏价值高

续表

名称	生活型	科名	拉丁名	观赏部位	观赏季节	观赏特性
露兜草	草本	露兜树科	*Pandanus austrosinensis*	果、叶	四季	带状，边缘具钩状锐刺，形状独特；绿色或黄色，椭圆状圆柱形或近圆球形，果形奇特，色形俱佳
黄花美冠兰	草本	兰科	*Eulophia flava*	花	春、夏	花大，黄色，花瓣倒卵状椭圆形或近倒卵形，花姿俊美，观赏价值高
风车草	草本	莎草科	*Cyperus alternifolius*	叶、花	四季	伞状，棕色，平展且繁茂；苍白色或黄褐色，穗状，椭圆形或长圆状披针形，花色迷人，绚丽多彩
茳芏	草本	莎草科	*Cyperus malaccensis*	花、叶	四季	绿褐色，聚伞花序，形状独特，花气袭人；线形，叶片光滑且繁茂，适合观赏
水毛花	草本	莎草科	*Scirpus triangulatus*	茎叶	春、夏、秋	茎叶修长柔美，群植一片，随风摇曳，观赏价值较高
水葱	草本	莎草科	*Scirpus validus*	花、果	夏、秋	黄色，穗状，聚伞花序顶生，光洁翠绿；倒卵形或椭圆形，双凸状，果形色俱佳
花叶芦竹	草本	禾本科	*Arundo donax*	花、叶	四季	叶片线形，四季变化明显，观赏价值高；大型，圆锥花序，千姿百态，适合观赏
小箣竹	草本	禾本科	*Bambusa flexuosa*	茎	四季	色泽光滑，形状独特，有良好的观赏价值
白茅	草本	禾本科	*Imperata cylindrica*	花	春、夏	白色，卵圆形，瑰丽娇嫩，观赏性强
类芦	草本	禾本科	*Neyraudia reynaudiana*	花	夏、秋、冬	穗状，开展或下垂，花形优美，适合观赏
狼尾草	草本	禾本科	*Pennisetum alopecuroides*	叶、花	春、夏、秋	线形，先端长渐尖且叶片光滑；紫色圆锥花序，穗状，清新高雅，观赏价值高
象草	草本	禾本科	*Pennisetum purpureum*	花	夏、秋	金黄色、淡褐色或紫色，花形奇特，季相变化明显
卡开芦	草本	禾本科	*Phragmites karka*	形、花	夏、秋、冬	苇状，高大直立，形态优美，婀娜多姿；圆锥花序，大型，具稠密分枝与小穗，观赏性强
斑茅	草本	禾本科	*Saccharum arundinaceum*	形	夏、秋、冬	高大丛生，树姿形态优美，虬枝龙爪，适合观赏
囊颖草	草本	禾本科	*Sacciolepis indica*	叶	夏、秋	叶片线形，常年绿色，叶形独特，适合观赏

附录2　羊山湿地药用植物资源

名称	生活型	科名	拉丁名	药用部位	药用作用
潺槁木姜子	乔木	樟科	*Litsea glutinosa*	根皮、叶	清湿热、消肿毒。治腹泻、外敷治疮痈
假柿木姜子	乔木	樟科	*Litsea monopetala*	叶	外敷治关节脱臼
番木瓜	乔木	番木瓜科	*Carica papaya*	果实	治胃痛、痢疾、二便不畅、风痹、烂脚
洋蒲桃	乔木	桃金娘科	*Syzygium samarangense*	果实	润肺、止咳、除痰、凉血、收敛
蒲桃	乔木	桃金娘科	*Syzygium jambos*	根皮、果	凉血、收敛。主治腹泻、痢疾。外用治刀伤出血
桉树	乔木	桃金娘科	*Eucalyptus robusta*	叶	疏风解热、抑菌消炎、防腐止痒。主治流行性感冒、上呼吸道感染、咽喉炎、支气管炎、肺炎、肾炎、痢疾等
玉蕊	乔木	玉蕊科	*Barringtonia racemosa*	根、果	根可退热，果实可止咳
榄仁	乔木	使君子科	*Terminalia catappa*	树皮、叶、种子	树皮：解毒止瘀、化痰止咳，对痢疾、痰热咳嗽及疮疡有功效。叶：对疝痛、头痛、发热、风湿关节炎有治疗功效。叶汁：对皮肤病，麻风及疥癣有治疗功效。种子：清热解毒，对咽喉肿痛、痢疾及肿毒有治疗功效
黄牛木	乔木	藤黄科	*Cratoxylum cochinchinense*	根、树皮、嫩叶	清热解毒、化湿消滞、祛瘀消肿。主治感冒、中暑发热、泄泻、黄疸、跌打损伤、痈肿疮疖
翻白叶树	乔木	梧桐科	*Pterospermum heterophyllum*	根	祛风除湿、舒筋活血、消肿止痛、治疗风湿性关节炎
爪哇木棉	乔木	木棉科	*Ceiba pentandra*	树皮	清热利湿、活血、消肿。治慢性胃炎、胃溃疡、泄泻、痢疾、腰脚不遂、腿膝疼痛、疮肿、跌打损伤
木棉	乔木	木棉科	*Bombax ceiba*	花	清热、利湿、解毒。用于泄泻、痢疾、血崩、疮毒
黄槿	乔木	锦葵科	*Hibiscus tiliaceus*	叶	具有清热解毒、散瘀消肿等功效；主治木薯中毒。外用治疮疖肿毒
杨叶肖槿	乔木	锦葵科	*Thespesia populnea*	树皮、叶、果、根	提取物有止痛和抗炎活性，还具降低胆固醇功能和强大的增强记忆的活性，可用于治疗阿尔茨海默病
五月茶	乔木	大戟科	*Antides mabunius*	根、叶、果	健脾生津、活血解毒、治食少泄泻、津伤口渴、跌打损伤、痈肿疮毒
方叶五月茶	乔木	大戟科	*Antides maghaesembilla*	叶、茎、果	叶：治小儿头痛、风寒湿痹、肩背肢节酸痛，头痛。茎：通经之效。果：可通便、泄泻

名称	生活型	科名	拉丁名	药用部位	药用作用
秋枫	乔木	大戟科	*Bischofia javanica*	根、树皮及叶	行气活血、消肿解毒。根及树皮：用于风湿骨痛 叶：食道癌、胃癌、传染性肝炎、小儿疳积、肺炎、咽喉炎；外用治痈疽、疮疡
麻疯树	乔木	大戟科	*Jatropha curcas*	叶	治跌打肿痛、骨折、创伤、皮肤瘙痒、湿疹、急性胃肠炎
白背叶	小乔木或灌木	大戟科	*Mallotus apelta*	根、叶	根：治慢性肝炎、肝脾肿大、子宫脱垂、脱肛、白带、妊娠水肿。叶：用于中耳炎、疖肿、跌打损伤、外伤出血
石岩枫	乔木	大戟科	*Mallotus repandus*	根、茎叶	能祛风。治毒蛇咬伤、风湿痹痛、慢性溃疡
粗糠柴	乔木	大戟科	*Mallotus philippensis*	根、果	根：清热利湿。用于急、慢性痢疾，咽喉肿痛 果上腺体粉末：驱虫
乌桕	乔木	大戟科	*Sapium sebiferum*	根皮、树皮、叶	杀虫、解毒、利尿、通便。用于血吸虫病、肝硬化腹水、大小便不利、毒蛇咬伤；外用治疗疮、鸡眼、乳腺炎、跌打损伤、湿疹、皮炎
大叶桂樱	乔木	蔷薇科	*Laurocerasus zippeliana*	全株	活血止痛、接骨续伤、止血。治筋伤骨折、扭伤、瘀血肿痛、风湿痹痛、腰痛、月经过多、崩漏
羽叶金合欢	乔木	豆科	*Acacia pennata*	全株	用于风湿痹痛、劳伤、跌打损伤、手脚酸痛、疲乏无力、安胎保产、高热抽搐、外伤、风湿关节炎
鸡冠刺桐	乔木	豆科	*Erythrina crista-galli*	根皮	抗菌消炎，对人体中的葡萄球菌和分枝杆菌及变异链球菌都有很好的抑制和消灭作用
酸豆	乔木	豆科	*Tamarindus indica*	果实	清暑热，化积滞。治暑热食欲不振，妊娠呕吐，小儿疳积
木麻黄	乔木	木麻黄科	*Casuarina equisetifolia*	枝叶	温寒行气，止咳化痰。主治疝气、寒湿泄泻，慢性咳嗽
山黄麻	乔木	榆科	*Boehmeria longispica*	叶	清热解毒、消肿，治疮疥
见血封喉	乔木	桑科	*Antiaris toxicaria*	乳汁、种子	乳汁：强心、催吐、泻下、麻醉、外用治淋巴结结核 种子：解热。主治痢疾
波罗蜜	乔木	桑科	*Artocarpus heterophyllus*	树液、叶	消肿解毒，收涩止痒。治疮疖红肿或疮疖红肿引起的淋巴结炎
构树	乔木	桑科	*Broussonetia papyrifera*	叶、根、种子、树液、树皮	种子：补肾、强筋骨、明目、利尿 叶：清热、凉血、利湿、杀虫 树皮：利尿消肿、祛风湿 树液：利水消肿解毒
大果榕	乔木	桑科	*Ficus auriculata*	果实	催乳、补气、生血之功效。主治产妇气虚无乳、肺虚气喘

续表

名称	生活型	科名	拉丁名	药用部位	药用作用
斜叶榕	乔木	桑科	*Ficus tinctoria Forst*	叶	祛痰止咳、活血通络。主治咳嗽、风湿痹痛；跌打损伤
桑	乔木	桑科	*Morus alba*	叶、果和根皮	桑叶：可疏散风热；主治风热感冒、咳嗽胸痛、肺燥干咳无痰、咽干口渴、风热。根、树皮及枝：治肺热咳嗽、风湿性关节肿痛、高血压
鹊肾树	小乔木或灌木	桑科	*Streblus asper*	叶、树皮和根	具有强心、抗丝虫、抗癌、抗菌、抗过敏和抗疟疾等多种药理活性。叶捣汁、根煮水喝，可治疗腹痛
铁冬青	乔木	冬青科	*Ilex rotunda*	叶、根、树皮	清热解毒、消肿止痛。用于感冒、扁桃体炎、急性胃肠炎、风湿骨痛；外用治跌打损伤、烧烫伤
广州山柑	乔木	山柑科	*Capparis cantoniensis*	根、种子或茎叶	具有清热解毒、止咳、止痛之功效。用于咽喉肿痛、肺热咳嗽、胃脘热痛、跌打伤痛及疥癣
鱼木	乔木	山柑科	*Crateva formosensis*	树皮	作轻泻剂或用作刺激食欲
大管	乔木	芸香科	*Micromelum falcatum*	根、叶	散瘀行气、止痛、活血。主治毒蛇咬伤、胸痹、跌打扭伤
簕欓花椒	乔木	芸香科	*Zanthoxylum avicennae*	果皮、根皮	祛风去湿、行气化痰、止痛等功效，治多类痛症，又作驱蛔虫剂
苦楝	乔木	楝科	*Melia azedarach*	树皮、叶、果实、花	树皮：杀虫、疗癣。花与叶：清热燥湿、杀虫止痒、行气止痛。果实：行气止痛、杀虫
麻楝	乔木	楝科	*Chukrasia tabularis*	根皮	疏风清热。主治感冒发热
龙眼	乔木	无患子科	*Dimocarpus longan*	果实	具补益心脾、养血安神功能
荔枝	乔木	无患子科	*Litchi chinensis*	果实	果肉：补脾益肝、理气补血、温中止痛、补心安神。果核：有理气、散结、止痛功效；可止呃逆、止腹泻，同时有补脑健身、开胃益脾、促进食欲之功效
厚皮树	乔木	漆树科	*Lannea coromandelica*	树皮	治骨折，河豚鱼中毒
漆树	乔木	漆树科	*Toxicodendron vernicifluum*	干漆	干漆为漆树科植物漆树的树脂经加工后的干燥品，有破瘀通经、消积杀虫、镇咳的功效
土坛树	乔木	八角枫科	*Alangium salviifolium*	根、根皮、叶、树干	根和叶：治风湿和跌打损伤。可作呕吐剂及解毒剂。树皮：作呕吐剂和解毒剂，对麻风病、皮肤病、痔疮、痢疾、炎症、高血压、蛇咬伤和湿疹也有疗效。树干：治疗呕吐和腹泻

名称	生活型	科名	拉丁名	药用部位	药用作用
倒吊笔	乔木	夹竹桃科	*Wrightia pubescens*	根、茎皮、叶	可用于治疗颈淋巴结结核、风湿关节炎、感冒发热、腰腿痛、慢性支气管炎、黄疸型肝炎、肝硬化腹水
海南菜豆树	乔木	紫葳科	*Radermachera hainanensis*	根、叶、果	具有凉血、消肿、退烧的作用，可治跌打损伤、毒蛇咬伤等
椰子树	乔木	棕榈科	*Cocos nucifera*	果肉、果汁、果壳	果肉：具补虚强壮、益气祛风、消疳杀虫功效。果汁：解渴祛暑利尿。果壳油：治癣、疗杨梅疮
短穗鱼尾葵	小乔木	棕榈科	*Caryota mitis*	茎皮	髓治小儿消化不良、腹痛泻下、赤白痢疾
假烟叶树	亚乔木	茄科	*Solanum verbascifolium*	根、叶、全株	根：消炎解毒、止痛、祛风解表。全株：用于痈疮肿毒、蛇伤、湿疹、腹痛、骨折、跌打肿痛、小儿泄泻、外伤出血、稻田皮炎、风湿痹痛、外伤感染。叶：治水肿、痛风、血崩、跌打肿痛、牙痛、瘰疬、痈疮肿毒、湿疹、皮炎、皮肤溃疡及外伤出血
海南龙血树	亚乔木或灌木	百合科	*Dracaena cambodiana*	树脂	作为跌打损伤之药，有活血、止痛、止血、生肌、行气等功效
紫玉盘	灌木	番荔枝科	*Uvaria microcarpa*	根、叶	根：治风湿、跌打损伤、腰腿痛。叶：止痛消肿。兽医用作治牛膨胀、健胃、促进反刍和跌打肿痛
野牡丹	灌木	野牡丹科	*Melastoma candidum*	根、叶	根：清热利湿、消肿止痛、散瘀止血。叶：用于跌打损伤、外伤出血
海桐	灌木	海桐花科	*Pittosporum tobira*	根、叶、种子、树皮	根：祛风活络、散瘀止痛。叶：解毒、止血。种子：涩肠、固精、对二氧化硫等有毒气体有较强的抗性。树皮：腰膝痛、风癣、风虫牙痛
量天尺	灌木	仙人掌科	*Hylocereus undatus*	花、茎	花：治疗燥热咳嗽、咳血、颈淋巴结核。茎：舒筋活络、解毒。治腮腺炎、痈疮肿毒等，外用治骨折
桃金娘	灌木	桃金娘科	*Rhodomyrtus tomentosa*	全株、根、叶、果	全株：有活血通络、收敛止泻、补虚止血的功效。根：祛风活络、收敛止泻。叶：收敛止泻、止血。果：补血、滋养、安胎
破布叶	灌木	椴树科	*Microcos paniculata*	叶	解一切肿胀、清黄气、消热毒，作茶饮去食疗
黄花稔	灌木	锦葵科	*Sida acuta*	全株	清热利湿、排脓止痛。外用治痈疖疔疮
红背山麻杆	灌木	大戟科	*Alchornea trewioides*	根、叶	解毒、除湿、止血。外洗治风疹
土蜜树	灌木	大戟科	*Bridelia tomentosa*	叶、根	叶：治外伤出血、跌打损伤。根：治感冒、神经衰弱、月经不调等

续表

名称	生活型	科名	拉丁名	药用部位	药用作用
黑面神	灌木	大戟科	*Breynia fruticosa*	全株、根、叶、枝	根、叶：可治肠胃炎、咽喉肿痛、风湿骨痛、湿疹、高血脂病等。全株煲水外洗可治疮疖、皮炎等 枝：清热祛湿、活血解毒
变叶木	灌木	大戟科	*Codiaeum variegatum*	叶	治疗肺气上逆证、痈肿疮毒，对人体有清热理肺、散瘀消肿的功效
红背桂	灌木	大戟科	*Excoecaria cochinchinensis*	全株	有通经活络、止痛的功能。用于麻疹、腮腺炎、扁桃体炎、心绞痛、肾绞痛、腰肌劳损
白饭树	灌木	大戟科	*Flueggea virosa*	全株	清热解毒、消肿止痛、止痒止血。用于风湿痹痛、湿疹瘙痒。外用于湿疹、脓疱疮、过敏性皮炎、疮疖，以及烧、烫伤
龙眼睛	灌木	大戟科	*Phyllanthus reticulatus*	茎	具有祛风活血、散瘀消肿的功效；主治风湿关节炎痛、跌打损伤等痹证
蓖麻	灌木	大戟科	*Ricinus communis*	根、叶	根：祛风活血、止痛镇静。用于风湿关节痛、破伤风、癫痫、精神分裂症。 叶：消肿拔毒、止痒，可灭蛆、杀孑孓
金凤花	灌木	豆科	*Caesalpinia pulcherrima*	茎、种子	种子：活血和通经。 茎部：消肿止痛，多用于跌打损伤等外伤的治疗
朱缨花	灌木	豆科	*Calliandra haematocephala*	树皮	利尿、驱虫
望江南	灌木	豆科	*Cassia occidentalis*	种子、根和茎叶	种子：清肝明目、健胃润肠。根：改善消化、消除痉挛，并有驱虫作用。茎、叶：解毒。外用治蛇、虫咬伤
假木豆	灌木	豆科	*Dendrolobium triangulare*	根、叶	清热凉血、舒筋活络、健脾利湿。用于咽喉肿痛、内伤吐血、跌打损伤、骨折、风湿骨痛、瘫痪、泄泻、小儿疳积
水黄皮	灌木	豆科	*Pongamia pinnata*	全株	可作催吐剂和杀虫剂。具有抗菌、抗炎、镇痛、抗病毒、抗溃疡和抗肿瘤等生物活性
山榕	灌木	桑科	*Ficus heterophylla*	叶	清热解毒、除湿止痒、治漆过敏、湿疹、鹅口疮
对叶榕	灌木	桑科	*Ficus hispida*	根、皮、茎叶	疏风解热、消积化痰、行气散瘀。治感冒发热、支气管炎、消化不良、痢疾、跌打肿痛
琴叶榕	灌木	桑科	*Ficus pandurata*	根、叶	行气活血、舒筋活络、调经。用于腰背酸痛、跌打损伤、乳痈、痛经、疟疾
苎麻	灌木	荨麻科	*Boehmeria nivea*	根、叶	根为利尿解热药，并有安胎作用；叶为止血剂；治创伤出血；根、叶并用治急性淋浊、尿道炎出血等症
美登木	灌木	卫矛科	*Maytenus hookeri*	叶	败毒抗癌、破淤消肿
变叶裸实	灌木	卫矛科	*Maytenus diversifolius*	全株	祛痰散结。主治各种瘿疾，化瘀、消肿、解毒

名称	生活型	科名	拉丁名	药用部位	药用作用
山柑	灌木	山柑科	*Capparis hainanensis*	根、藤	清热解毒、止咳、止痛。主治咽喉肿痛、肺热咳嗽、胃脘热痛、跌打伤痛及疥癣
广寄生	灌木	桑寄生科	*Taxillus chinensis*	全株	祛风湿、补肝肾、强筋骨、安胎催乳。治腰背痛、肾气虚弱、妊娠胎动不安、心腹刺痛、漏气等，临床用于冠心病、心绞痛、心律失常等
马甲子	灌木	鼠李科	*Paliurus ramosissimus*	根、枝、叶、花、果	有解毒消肿、止痛活血之效，治痈肿溃脓等症，根可治喉痛
飞龙掌血	灌木	芸香科	*Toddalia asiatica*	全株	活血散瘀、祛风除湿、消肿止痛。治感冒风寒、胃痛、肋间神经痛、风湿骨痛、跌打损伤、咯血
酒饼簕	灌木	芸香科	*Atalantia buxifolia*	根	祛风解表、化痰止咳、理气止痛。治感冒、头痛、咳嗽、支气管炎
两面针	灌木	芸香科	*Zanthoxylum nitidum*	根、茎、叶、果皮	具散瘀、镇痛、消肿等功效。根皮、茎、叶：治胃腹痛、外伤肿痛、气虚身弱 根、茎皮：治风湿关节痛、跌打肿痛、腰肌劳损、牙痛、胃脘痛、咽喉肿痛、毒蛇咬伤、无名肿毒
假黄皮	灌木	芸香科	*Clausena excavata*	全株、叶	全株：接骨、散瘀、祛风湿。用于胃脘冷痛、关节痛。叶：疏风解表、散寒、截疟
山小橘	灌木	芸香科	*Glycosmis pentaphylla*	根、叶	祛风解表、化痰、消积、散瘀。治感冒咳嗽、食积腹痛、疝气痛、跌打瘀肿、冻疮
牛筋果	灌木	苦木科	*Harrisonia perforata*	叶	治肝热目赤肿痛、羞明、多眵多泪及目生翳膜、外感风热、咳嗽、咳痰及咽喉肿痛等
鸦胆子	灌木	苦木科	*Brucea javanica*	果	有清热解毒、止痢疾等功效。治疗疟疾、痢疾、痔疮、妇女白带异常等
米仔兰	灌木	楝科	*Aglaia odorata*	枝叶、花	枝叶：活血散瘀、消肿止痛。用于跌打损伤、骨折、痈疮。花：行气解郁。用于气郁胸闷、食滞腹胀
盐肤木	灌木	漆树科	*Rhus chinensis*	根、叶、花及果	清热解毒、散瘀止血。根：治疗感冒发热、支气管炎、咳嗽咯血、肠炎、痢疾、痔疮出血 叶：外用治跌打损伤、毒蛇咬伤、漆疮等
黄毛楤木	灌木	五加科	*Aralia decaisneana*	根皮	有祛风除湿、散瘀消肿之效。可治风湿腰痛、肝炎及肾炎水肿
鲫鱼胆	灌木	紫金牛科	*Maesaper larius*	全株	有消肿去腐、生肌接骨功效，用于跌打刀伤、疔疮、肺病
青藤仔	灌木	木樨科	*Jasminum nervosum*	全株	清热利湿、消肿拔脓。治湿热黄疸、湿热痢疾、阴部痒肿疼痛、痈疮疔疡、跌打损伤、腰肌劳损等

续表

名称	生活型	科名	拉丁名	药用部位	药用作用
大青叶	灌木	夹竹桃科	*Wrightia laevis*	根、叶	具抗菌消炎、止痛、退热功效。用于温热病发热、头痛、喉痛、斑疹、流行性腮腺炎、痈肿疮毒等病，同时对感冒病毒、腮腺炎病毒、肝炎病毒及流脑病毒等有较强的抑制和杀灭作用
夹竹桃	灌木	夹竹桃科	*Nerium indicum*	叶	强心利水、祛痰定咳、镇痛祛瘀。用于治疗心脏病、心力衰竭、经闭、跌打损伤、瘀血肿痛等症状
狗骨柴	灌木	茜草科	*Diplospora dubia*	根	清热解毒、消肿散结。主治瘰疬、背痛、黄疸病、头疖、跌打肿痛
山石榴	灌木	茜草科	*Catunare gamspinosa*	树皮、叶、根、果实	有利尿、祛风湿的功效，还可治跌打损伤
风箱树	灌木	茜草科	*Cephalanthus tetrandrus*	根、叶、花序	根：清热解毒、散瘀止痛、止血生肌、祛痰止咳 叶：清热解毒。外用治跌打损伤、骨折 花序：清热利湿。用于肠炎、细菌性痢疾
玉叶金花	灌木	茜草科	*Mussaenda pubescens*	根、茎叶	根：疏风泄热、清血解毒、润肺、滋肾、镇咳、利尿。茎叶：清热解暑、凉血解毒、消炎、活血化瘀
猪肚木	灌木	茜草科	*Canthium horridum*	叶、根及树皮	清热利尿、活血解毒。用于痢疾、黄疸、水肿、小便不利、疮毒、跌打肿痛
少花龙葵	灌木	茄科	*Solanum nigrum*	全株	痢疾、高血压、黄疸、扁桃体炎、肺热咳嗽、牙龈出血。外治皮肤湿毒、乌疱、老鼠咬伤
假杜鹃	灌木	爵床科	*Barleria cristata*	全株	通经活络、解毒消毒
苦郎树	灌木	马鞭草科	*Clerodendrum inerme*	根	清热解毒、散瘀除湿、舒筋活络。用于去瘀、消肿、除湿、杀虫。治跌打瘀肿、皮肤湿疹、疮疥
大青	灌木	马鞭草科	*Clerodendrum cyrtophyllum*	根、茎、叶	具清热解毒、凉血止血、泻火利尿功效。用于外感热病、热盛烦渴、咽喉肿痛、口疮、黄疸、热毒痢、急性肠炎、痈疽肿毒、衄血、血淋、外伤出血
裸花紫珠	灌木	马鞭草科	*Callicarpa nudiflora*	叶	有止血止痛、散瘀消肿之效。治外伤出血、跌打肿痛、风湿肿痛、结核咯血、胃肠出血
赪桐	灌木	马鞭草科	*Clerodendrum japonicum*	全株、根、叶、花	全株：有祛风利湿、消肿散瘀的功效。根、叶：作皮肤止痒药；花：治外伤止血
马缨丹	灌木	马鞭草科	*Lantana camara*	根、叶、花	有清热解毒、散结止痛、祛风止痒之效。可治疟疾、肺结核、颈淋巴结核、腮腺炎、胃痛、风湿骨痛等

名称	生活型	科名	拉丁名	药用部位	药用作用
丁香罗勒	灌木	唇形科	*Ocimum gratissimum*	全株	发汗解表、祛风利湿、散瘀止痛。用于风寒感冒、头痛、胃胀腹痛、消化不良、肠鸣腹泻、跌打肿痛、风湿性关节炎等症。外用于毒蛇咬伤、湿疹、皮炎
露兜树	灌木	露兜树科	*Pandanus tectorius*	根、叶、果、果核	根：治感冒发热、肾炎水肿、尿路感染、结石、肝炎、肝硬化腹水、眼结膜炎。叶：发汗解表、清热解毒、利尿、治烂脚。果：补脾胃、固元气、解酒毒。果核：治睾丸炎、痔疮。
假鹰爪	灌木（近藤本）	番荔枝科	*Desmos chinensis*	根、叶	主治风湿骨痛、产后腹痛、跌打、皮癣等
白花丹	亚灌木或草本	白花丹科	*Plumbago zeylanica*	全株、根	祛风、散瘀、解毒、杀虫。治风湿关节疼痛、血瘀经闭、跌打损伤、肿毒恶疮、疥癣
光叶藤蕨	灌木	肿足蕨科	*Stenochlaena palustris*	叶	有治疗发热、皮肤疾病、溃疡、胃痛的功效
海金沙	藤本	海金沙科	*Lygodium japonicum*	干燥成熟孢子	清利湿热、通淋止痛，用于热淋、石淋、血淋、膏淋、尿道涩痛
小叶海金沙	藤本	海金沙科	*Lygodium scandens*	全株、孢子	利水渗湿、舒筋活络、通淋、止血。用于水肿、肝炎、淋证、痢疾、便血、风湿麻木、外伤出血
瓜馥木	藤本	番荔枝科	*Fissistigma oldhamii*	根	治跌打损伤和关节炎
无根藤	藤本	樟科	*Cassytha filiformis*	全株	有去湿消肿、利水作用，治肾炎、水肿等症
红花青藤	藤本	莲叶桐科	*Illigera rhodantha*	全株	祛风止痛，散瘀消肿。主治风湿性关节疼痛、跌打肿痛、蛇虫咬伤、小儿麻痹症后遗症
海南青牛胆	藤本	防己科	*Tinospora hainanensis*	茎藤	具清热解毒的功效。有抗骨质疏松及消除关节炎产生的关节肿胀、缓解疼痛、抑制炎症的作用
中华青牛胆	藤本	防己科	*Tinospora sinensis*	茎藤	有舒筋活络、祛风除湿的功效
粪箕笃	藤本	防己科	*Stephania longa*	根、根茎或全株	清热解毒、利湿通便、祛风活络、消疮肿。治热病发狂、黄疸、胃肠炎、痢疾、便秘、尿血、水肿、风湿痹痛、疮痈肿毒、毒蛇咬伤
耳叶马兜铃	藤本	马兜铃科	*Aristolochia tagala*	果实和根	清热解毒、祛风止痛、利湿消肿。主治疮痈肿、瘰疬、风湿性关节痛、胃痛、湿热淋症、水肿、痢疾、肝炎、蛇咬伤
马齿苋	藤本	马齿苋科	*Portulaca oleracea*	全草	有清热利湿、解毒消肿、消炎、止渴、利尿功效。主治赤白痢疾、肠炎、淋病；外用治疗疮丹毒

续表

名称	生活型	科名	拉丁名	药用部位	药用作用
锡叶藤	藤本	五桠果科	*Tetracera asiatica*	根、叶	叶：治红白痢、止泻止血、生肌收口、腹泻、溃疡。根：治脱肛、子宫下垂、久痢、遗精、跌打
绞股蓝	藤本	葫芦科	*Gynostemma pentaphyllum*	全草	消炎解毒、止咳祛痰、益气健脾。主治体虚乏力、虚劳失精、白细胞减少症、高脂血症、病毒性肝炎、慢性胃肠炎、慢性气管炎
使君子	藤本	使君子科	*Quisqualis indica*	种子	该植物种子为中药中最有效的驱蛔药之一，对小儿寄生蛔虫症疗效尤著
霸王鞭	藤本	大戟科	*Euphorbia royleana*	全株、乳汁	具祛风、消炎、解毒、杀虫止痒之效，用于人类疮疡肿毒及牛皮癣等
葛麻姆	藤本	豆科	*Pueraria lobata*	根	有退热、生津、透诊、升阳止泻的功效。具有改善心血管循环、降糖、降脂、解痉等作用
薜荔	藤本	桑科	*Ficus pumila*	藤叶	祛风、利湿、活血、解毒、抗炎、治风湿痹痛、泻痢、淋病、跌打损伤、痈肿、疮疖
扶芳藤	藤本	卫矛科	*Euonymus fortunei*	带叶茎枝	舒筋活络、止血消瘀。治腰肌劳损、风湿痹痛、咯血、血崩、月经不调、跌打骨折、创伤出血
雀梅藤	藤本	鼠李科	*Sageretia thea*	根、叶	根治咳嗽、降气化痰。叶治疮疡肿毒
白粉藤	藤本	葡萄科	*Cissus repens*	根、藤茎	化痰散结、消肿解毒、祛风活络。用于颈淋巴结结核、扭伤骨折、腰肌劳损、风湿骨痛、坐骨神经痛、疮疡肿毒、毒蛇咬伤、小儿湿疹
蛇葡萄	藤本	葡萄科	*Ampelopsis bodinieri*	根	消肿解毒、止痛止血、排脓生肌、祛风除湿。用于跌打损伤、骨折、风湿腿痛、便血、崩漏、带下病、慢性胃炎、胃溃疡等
崖爬藤	藤本	葡萄科	*Tetrastigma obtectum*	全草	有祛风湿的功效。活血解毒、祛风湿。主治头痛、身痛、风湿麻木及游走痛。外用洗疮毒
倒地铃	藤本	无患子科	*Cardiospermum halicacabum*	全草	有清热解毒、消肿止痛之功效。治跌打外伤、疮疖、湿疹、蛇伤。根可止吐、缓泻
鹅掌藤	藤本	五加科	*Schefflera arboricola*	皮、叶、根茎	有行气止痛、活血消肿、温通血脉、祛湿消肿的功效。皮茎除风湿、活络筋骨。叶止血、止痛、消肿
钩吻	藤本	马钱科	*Gelsemium elegans*	根、茎、枝、叶	有消肿止痛、拔毒杀虫之效
扭肚藤	藤本	木樨科	*Jasminum elongatum*	叶	清热解毒、利湿消滞。用于急性胃肠炎、痢疾、消化不良、急性结膜炎、急性扁桃体炎

续表

名称	生活型	科名	拉丁名	药用部位	药用作用
眼树莲	藤本	萝藦科	*Dischidia chinensis*	全株	清肺热、化疟、凉血解毒。用作治肺燥咯血、疮疖肿毒、小儿疳积、痢疾、跌打肿痛、毒蛇咬伤
蔓九节	藤本	茜草科	*Psychotria serpens*	全株	舒筋活络、壮筋骨、祛风止痛、凉血消肿。治风湿痹痛、坐骨神经痛、痈疮肿毒、咽喉肿痛
忍冬	藤本	忍冬科	*Lonicera japonica*	花	宣散风热、清热解毒。用于各种热性病、如温病发热、发疹、发斑、热毒血痢、痈疽疔等症状
灯笼果	藤本	茄科	*Physali speruviana*	根、宿萼或带成熟果实的宿萼	清热、解毒、利尿。主治热咳、咽痛、黄疸、痢疾、水肿、疔疮、丹毒
曼陀罗	藤本	茄科	*Daturas stramonium*	叶、花、籽	花能去风湿、止喘定痛，可用于麻醉，可治惊痫和寒哮、煎汤洗治治风顽痹及寒湿脚气。花瓣的镇痛作用尤佳，可治神经痛等。叶和籽可用于镇咳、镇痛
白鹤藤	藤本	旋花科	*Argyreia acuta*	全株	有化痰止咳、理血祛风、润肺、止血、拔毒之效。治急慢性支气管炎、热咳、痰喘、跌打损伤、风湿痛、疮毒、肺痨、肝硬化、肾炎水肿、疮疖、皮肤湿疹、脚癣感染、水火烫伤、血崩、外伤止血及治猪瘟
圆叶牵牛	藤本	旋花科	*Pharbitis purpurea*	种子	泻水下气、消肿杀虫、主治水肿、尿闭等症。可治疗水肿、膨胀、痰饮喘咳、肠胃实热积滞、大便秘结、虫积、腹痛、精神病、癫痫及单纯性肥胖症
大花山牵牛	藤本	爵床科	*Thunbergia grandiflora*	根、叶	治疗胃病
天门冬	藤本	百合科	*Asparagus cochinchinensis*	块根	滋阴润燥、清火止咳。主治阴虚发热、咳嗽吐血、肺痿、咽喉肿痛、消渴、便秘、小便不利
菝葜	藤本	菝葜科	*Smilax china*	根茎	祛风湿、利小便、消肿毒。主治关节疼痛、肌肉麻木、泄泻、痢疾、水肿、淋病、疔疮、瘰疬、痔疮
紫芋	藤本	天南星科	*Colocasia tonoimo*	块茎及叶	散结消肿、祛风解毒。主治乳痈、无名肿毒、荨麻疹、疔疮、口疮、烧烫伤
蜈蚣藤	藤本	天南星科	*Zanthoxylum multijugum*	茎	祛风止痛、解毒疗疮。用于风湿关节疼痛、疮毒、梅毒；外用治牙痛
细花百部	藤本	百部科	*Stemona parviflora*	根	润肺下气止咳、杀虫。用于新久咳嗽、肺痨咳嗽、百日咳；外用于头虱、体虱、蛲虫病、阴部瘙痒。蜜百部润肺止咳。用于阴虚劳嗽
大百部	藤本	百部科	*Stemona tuberosa*	根	润肺下气止咳、杀虫。用于新久咳嗽、肺痨咳嗽、百日咳；外用于头虱、体虱、蛲虫病、阴痒症

续表

名称	生活型	科名	拉丁名	药用部位	药用作用
楝叶吴萸	攀缘藤本	芸香科	*Evodia glabrifolia*	根、果	具有散寒止痛、健胃、消肿、降逆止呕、助阳止泻的功效。治疗寒疝腹痛、寒湿脚气、经行腹痛、脘腹胀痛、呕吐吞酸、虚寒久泻等症
拟蚬壳花椒	攀缘藤本	芸香科	*Zanthoxylum dissitoides*	根、茎、皮、种子、叶	能祛风活络、散瘀止痛、解毒消肿。根：活血散瘀、续筋接骨。种子：理气止痛。用于疝气痛
水蕨	草本	凤尾蕨科	*Ceratopteris thalictroides*	全株	全株有明目、镇咳、化痰功效。外用治疗跌打损伤、外伤出血、散瘀拔毒等。茎叶可治胎毒、消痰积
剑叶凤尾蕨	草本	凤尾蕨科	*Pteris ensiformis*	全株	止血、止痢。能清热、消食、利尿、止痢；捣烂外敷治腮腺炎、疔疮、湿疹
半边旗	草本	凤尾蕨科	*Pteris semipinnata*	全株	清热解毒、消肿止痛。用于细菌性痢疾、急性肠炎、黄疸型肝炎、结膜炎；外用治跌打损伤、外伤出血、疮疡疖肿、湿疹、目赤肿痛、毒蛇咬伤
毛蕨	草本	金星蕨科	*Cyclosorus interruptus*	根状茎	祛风利湿、清热利尿、收敛止血、驱虫。用于风湿性关节炎、湿热小便不利、外伤出血、寄生虫病、风湿性关节炎、尿路感染、疮毒
巢蕨	草本	铁角蕨科	*Asplenium nidus*	全株	有强壮筋骨、活血祛瘀的作用，也可用于跌打损伤、骨折、血瘀、头痛、血淋、阳痿、淋病
抱树莲	草本	水龙骨科	*Drymoglossum piloselloides*	全株	具清热解毒、祛风散寒、消肿散结、清肺止咳、止血功效。主治湿热黄疸、目赤肿痛、化脓性中耳炎、腮腺炎、淋巴结炎、疥癞、跌打损伤等
伏石蕨	草本	水龙骨科	*Lemmaphyllum microphyllum*	全株	活血散瘀、祛痰镇咳、解毒止痛。用于咽炎、扁桃体炎、口腔炎、咳嗽、小儿肺炎、小儿疳积、泌尿系结石、乳腺炎、骨髓炎；外用治毒蛇咬伤
田字草	草本	苹科	*Marsilea quadrifolia*	全株	祛风、清热、解毒。治疗风热痛疹、皮肤瘙痒、经闭、疮癣、丹毒、烫伤、火眼红肿、牙龈疼痛、热淋尿血、痔疮、水肿脚气、跌打扭伤、虫螫咬伤等
三叉蕨	草本	三叉蕨科	*Tectaria subtriphylla*	叶	祛风除湿、收敛止血。治风湿骨痛、痢疾、刀伤、毒蛇咬伤
延药睡莲	草本	睡莲科	*Nymphaea stellata*	花	可保护皮肤免受紫外线伤害、增强肌肤免疫力、防御、排毒、镇静
假蒟	草本	胡椒科	*Piper sarmentosum*	全株、根、叶、果	温中散寒、祛风利湿、消肿止痛。根：治风湿骨痛、跌打损伤、风寒咳嗽、妊娠和产后水肿 果序：治牙痛、胃痛、腹胀、食欲不振等
臭矢菜	草本	白花菜科	*Cleome viscosa*	全株	散瘀消肿、去腐生肌。用于跌打肿痛、劳伤腰痛，应将鲜全草捣烂、酒炒外敷

续表

名称	生活型	科名	拉丁名	药用部位	药用作用
蔊菜	草本	十字花科	*Rorippa indica*	全株	主治清热解毒、镇咳、利尿。用于感冒发热、咽喉肿痛、肺热咳嗽、慢性气管炎、急性风湿性关节炎、肝炎、小便不利；外用治漆疮、蛇咬伤、疔疮痈肿
豆瓣菜	草本	十字花科	*Nasturtium officinale*	叶	清热、解渴、润肺、利尿。主治烦躁热渴、口干咽痛、肺热咳嗽
落地生根	草本	景天科	*Bryophyllum pinnatum*	全株	可解毒消肿、活血止痛、拔毒生肌。外用于痈肿疮毒、乳痈、丹毒、中耳炎、痄腮、外伤出血、跌打损伤、骨折、烧伤、烫伤
猪笼草	草本	猪笼草科	*Nepenthes sp.*	干燥的茎叶	清肺润燥、行水、解毒。治肺燥咳嗽、百日咳、黄疸、胃痛、痢疾、水肿、痈肿、虫咬伤
锦地罗	草本	茅膏菜科	*Drosera burmanni*	全株	有清热去湿、凉血、化痰止咳和止痢之能。民间用于治肠炎、菌痢、喉痛、咳嗽、泄泻、痢疾、咯血、衄血和小儿疳积、外敷可治疮痈肿毒等
荷莲豆草	草本	石竹科	*Drymaria diandra*	全株	有消炎、清热、解毒、利尿通便、活血消肿、退翳之效。外用治骨折、疮痈、蛇咬伤
土人参	草本	马齿苋科	*Talinum paniculatum*	肉质根	具有滋补强壮作用、补气血、助消化、生津止渴、治咳痰带血
杠板归	草本	蓼科	*Polygonum perfoliatum*	全株	利水消肿、清热、活血、解毒等。用于治疗水肿、疟疾、痢疾、湿疹、疱疹、疥癣及毒蛇咬伤等症
大马蓼	草本	蓼科	*Polygonum lapathifolium*	全株	清热解毒、利湿止痒。用于肠炎、痢疾；外用治湿疹、颈淋巴结结核
毛蓼	草本	蓼科	*Polygonum barbatum*	全株、根	全株有抗菌作用；根有收敛作用、可治肠炎
火炭母	草本	蓼科	*Polygonum chinense*	根状茎	清热解毒、散瘀消肿
辣蓼	草本	蓼科	*Polygonum hydropiper*	全草、根、叶	祛风利湿、散瘀止痛、解毒消肿、杀虫止痒。用于痢疾、胃肠炎、腹泻、风湿关节痛、跌打肿痛、功能性子宫出血；外用治毒蛇咬伤、皮肤湿疹
红蓼	草本	蓼科	*Polygonum orientale*	果实	有活血、止痛、消积、利尿功效。祛风除湿、清热解毒、活血、截疟
皱果苋	草本	苋科	*Amaranthus viridis*	全株	有清热解毒、利尿止痛的功效
刺苋	草本	苋科	*Amaranthus spinosus*	全株	主治清热利湿、解毒消肿、凉血止血。用于痢疾、肠炎、胃及十二指肠溃疡出血、痔疮便血。外用治毒蛇咬伤、皮肤湿疹、疖肿脓疮
空心莲子草	草本	苋科	*Alternanthera philoxeroides*	全株	有清热利水、凉血解毒作用。用于流行性乙型脑炎早期、流行性出血热初期、麻疹

续表

名称	生活型	科名	拉丁名	药用部位	药用作用
莲子草	草本	苋科	*Alternanthera sessilis*	全株	散瘀消毒、清热凉血、利湿消肿、拔毒止痒。用于治牙痛、痢疾、疗肠风、下血、痢疾、鼻衄、咯血、便血、尿道炎、咽炎、乳腺炎、小便不利；外用治疮疖肿毒、湿疹、皮炎、体癣、毒蛇咬伤
青葙	草本	苋科	*Celosia argentea*	种子	清肝、明目、退翳。用于肝热目赤、眼生翳膜、视物昏花、肝火眩晕
酢浆草	草本	酢浆草科	*Oxalis corniculata*	全株	有清热利湿、凉血散瘀、解毒消肿的效用。治泄泻、痢疾、黄疸、淋病、赤白带下、麻疹、吐血、衄血、咽喉肿痛、疔疮、痈肿、疥癣、痔疾、脱肛、跌打损伤、烫火伤
红花酢浆草	草本	酢浆草科	*Oxalis corymbosa*	全株	清热解毒、散瘀消肿、调经。外用治毒蛇咬伤、跌打损伤、痈疮、烧烫伤
节节菜	草本	千屈菜科	*Rotala indica*	全株	具清热解毒、止泻之功效
圆叶节节菜	草本	千屈菜科	*Rotala rotundifolia*	全株	清热解毒、健脾利湿、消肿。用于肺热咳嗽、痢疾、黄疸、小便淋痛；外用于痈疖肿毒
草龙	草本	柳叶菜科	*Ludwigia hyssopifolia*	全株	清热解毒、去腐生肌。可治感冒发热、咳嗽、咽喉肿痛、牙痛、口舌生疮、湿热泻痢、水肿、淋痛、疳积、疏风凉血、咯血、吐血、便血、崩漏、痈疮疖肿、疗肿等
毛草龙	草本	柳叶菜科	*Ludwigia octovalis*	全株	清热利湿、解毒消肿。主治感冒发热、小儿疳热、咽喉肿痛、口舌生疮、高血压、水肿、湿热泻痢、淋痛、白浊、带下、乳痈、疔疮肿毒、痔疮、烫火伤、毒蛇咬伤
水龙	草本	柳叶菜科	*Ludwigia adscendens*	全株	清热、利尿、解毒。用于感冒发热、燥热咳嗽、高热烦渴、淋痛、水肿、咽痛、喉肿、口疮、风火牙痛、疮痈疔肿、烫火伤、跌打伤肿、毒蛇等咬伤
丁香蓼	草本	柳叶菜科	*Ludwigia prostrata*	全株	清热解毒、利湿消肿、利尿通淋、化瘀止血。主治肠炎、痢疾、传染性肝炎、肾炎水肿、膀胱炎、白带、痔疮；外用治痈疖疔疮、蛇虫咬伤。肺热咳嗽、咽喉肿痛、目赤肿痛、湿热泻痢、黄疸、淋痛、水肿、带下、吐血、尿血、肠风便血、疔肿、疥疮、跌打伤肿、外伤出血、蛇虫咬伤、狂犬咬伤
龙珠果	草本	西番莲科	*Passiflora foetida*	果、叶	清热解毒、清肺止咳。主治肺热咳嗽、小便浑浊、痈疮肿毒、外伤性眼角膜炎、淋巴结炎

续表

名称	生活型	科名	拉丁名	药用部位	药用作用
茅瓜	草本	葫芦科	*Solena amplexicaulis*	块根	清热解毒、化瘀散结、化痰利湿。主治疮痈肿毒、烫火伤、肺痈咳嗽、咽喉肿痛、水肿腹胀、腹泻、痢疾、酒疸、湿疹、风湿痹痛
田基黄	草本	藤黄科	*Grangea maderaspatana*	全株	清热解毒、利湿退黄、消肿散瘀。用于湿热黄疸、肠痈、目赤肿痛、热毒疮肿；近又用于急慢性肝炎、早期肝硬化、肝区疼痛、阑尾炎、乳腺炎、肺脓肿
黄葵	草本	锦葵科	*Abelmoschus moschatus*	根、叶、花	清热利湿、拔毒排脓。根：用于高热不退、肺热咳嗽、产后乳汁不通、大便秘结、阿米巴痢疾、尿路结石。叶：外用治痈疮肿毒、瘰疬、骨折。花：外用治烧烫伤
磨盘草	草本	锦葵科	*Abutilon indicum*	全株	疏风清热、化痰止咳、消肿解毒。主治感冒、发热、咳嗽、泄泻、中耳炎、耳聋、咽炎、腮腺炎、尿路感染、疮痈肿毒、跌打损伤
飞扬草	草本	大戟科	*Euphorbia hirta*	全株	有清热解毒、利湿止痒、通乳之功效。用于细菌性痢疾、阿米巴痢疾、肠炎、肺痈、乳痈、疔疮肿毒、牙疳、泄泻、热淋、血尿、脚癣、产后少乳、肠道滴虫、消化不良、支气管炎、肾盂肾炎；外用治湿疹、皮炎、皮肤瘙痒
叶下珠	草本	大戟科	*Phyllanthus urinaria*	全株	解毒消炎、清热止泻、利尿、明目、消积。用于肾炎水肿、泌尿系感染、结石、肠炎、痢疾、眼角膜炎、黄疸型肝炎、赤白痢疾、暑热腹泻、肠炎腹泻、夜盲、急性结膜炎、疮、风火赤眼、单纯性消化不良、小儿疳积。外治毒蛇咬伤、指头蛇疮、皮肤飞蛇卵病等
乌蔹莓	草本（近藤本）	葡萄科	*Cayratia japonica*	全株、根	清热利湿、凉血利尿、解毒消肿。痈肿、疔疮、痄腮、丹毒、风湿痛、黄疸、痢疾、尿血、白浊。咽喉肿痛、疖肿、痈疽、跌打损伤、毒蛇咬伤
合萌	草本	豆科	*Aeschynomene indica*	全株	能清热利湿、祛风明目、通乳、去风、消肿、解毒。主治风热感冒、黄疸、痢疾、胃炎、腹胀、淋病、痈肿、皮炎、湿疹
豆茶决明	草本	豆科	*Cassia nomame*	果	主治水肿、肾炎、慢性便秘、咳嗽、痰多等症
决明	草本	豆科	*Cassia tora*	种子	具有清肝明目、润肠通便的功能。主治高血压、头痛眩晕、急性结膜炎、角膜溃疡、青光眼、痈疖疮疡、目赤涩痛、羞明多泪、目暗不明、风热赤眼、雀目、肝炎、肝硬化腹水、习惯性便秘等症

名称	生活型	科名	拉丁名	药用部位	药用作用
猪屎豆	草本	豆科	*Crotalaria pallida*	全株、根	主治清热解毒、祛风除湿、消肿止痛，治风湿麻痹、癣疥、跌打损伤等症。近年来试用于鳞状上皮癌、基底细胞癌、急性白血病、子宫颈癌、阴茎癌，疗效较好
野扁豆	草本	豆科	*Dunbaria villosa*	全株、种	清热解毒、消肿止带。主治咽喉肿痛、乳痈、牙痛、肿毒、毒蛇咬伤、白带过多
含羞草	草本	豆科	*Mimosa pudica*	全株、根	全株：宁心安神、清热解毒。用于吐泻、失眠、小儿疳积、目赤肿痛、深部脓肿、带状疱疹。根：止咳化痰、利湿通络、胃消积
灰叶	草本	豆科	*Tephrosia purpurea*	全株、根	解表、健脾燥湿、行气止痛。用于风热感冒、消化不良、腹胀腹痛、慢性胃炎；外用治湿疹、皮炎
狸尾草	草本	豆科	*Uraria lagopodioides*	全株	有消肿、驱虫之效。主治清热解毒、散结消肿、痈疮肿痛、颈淋巴结结核；外用毒蛇咬伤
狸尾豆	草本	豆科	*Uraria crinita*	全株	有消肿、驱虫之效
糯米团	草本	荨麻科	*Gonostegia hirta*	根、茎、叶	健脾消食、清热利湿、解毒消肿。用于消化不良、食积胃痛、白带；外用治血管神经性水肿、疔疮疖肿、乳腺炎、跌打肿痛、外伤出血
吐烟花	草本	荨麻科	*Pellionia repens*	全株	清热利湿、宁心安神。主治湿热黄疸、腹水、失眠、健忘、过敏性皮炎、下肢溃疡、疮疖肿毒
雾水葛	草本	荨麻科	*Pouzolzia zeylanica*	全株	清热利湿、解毒排脓、消肿。主治疮疖、乳痈、风火牙痛、肠炎、痢疾、尿路感染
小叶冷水花	草本	荨麻科	*Pilea microphylla*	全株	有清热解毒之效。主治痈肿疮疡、毒蛇咬伤、水火烫伤、丹毒及无名中毒
铁包金	草本	鼠李科	*Berchemia lineata*	根、叶	根、叶：有止咳、祛痰、散疼之功效。根：固肾益气、化瘀止血、镇咳止痛
刺芹	草本	伞形科	*Eryngium foetidum*	全株	有疏风除热、芳香健胃、利尿的良效。主治感冒、水肿病、麻疹内陷、气管炎、肠炎、腹泻、急性传染性肝炎；外用治跌打肿痛与蛇咬伤
破铜钱	草本	伞形科	*Hydrocotyle sibthorpioides*	全株	宣肺止咳、利湿去浊、利尿通淋。主治肺气不宣咳嗽、咳痰、肝胆湿热、口苦、头眩、目眩、喜呕、两肋胀满、湿热淋症
旱芹	草本	伞形科	*Apium graveolens*	全株	平肝清热、祛风利湿。治高血压病、眩晕头痛、面红目赤、血淋、痈肿
积雪草	草本	伞形科	*Centella asiatica*	全株	清热利湿、消肿解毒、主治痧氙腹痛、暑泻、痢疾、湿热黄疸、砂淋、血淋、吐血、咯血、目赤、喉肿、风疹、疥癣、疔痈肿毒、跌打损伤等

续表

名称	生活型	科名	拉丁名	药用部位	药用作用
水芹	草本	伞形科	*Oenanthe javanica*	全株、根	清热利湿、止血、降血压。用于感冒发热、呕吐腹泻、尿路感染、崩漏、白带、高血压
天胡荽	草本	伞形科	*Hydrocotyle sibthorpioides*	全株	清热、利尿、消肿、解毒、治黄疸、赤白痢疾、目翳、喉肿、痈疽疔疮、跌打瘀伤
牛眼马钱	草本	马钱科	*Strychnos angustiflora*	茎皮、叶、种子	具有通经活络、消肿止痛之功效。常用于风湿痹痛、手足麻木、半身不遂、痈疽肿毒、跌打损伤
白花蛇舌草	草本	茜草科	*Hedyotis diffusa*	全株	主治肺热喘咳、咽喉肿痛、肠痈、疔肿疮疖、毒蛇咬伤、热淋涩痛、水肿、痢疾、肠炎、湿热黄疸，擅长治疗多种癌肿
丰花草	草本	茜草科	*Borreria stricta*	全株	跌打损伤、骨折、痈疽肿毒、毒蛇咬伤
鸡矢藤	草本	茜草科	*Paederia scandens*	全株、根	祛风除湿、消食化积、解毒消肿、活血止痛。主治风湿痹痛、食积腹胀、小儿疳积、腹泻、痢疾、中暑、黄疸、肝炎、肝脾肿大、咳嗽、瘰疬、肠痈、无名肿毒、脚湿肿烂、烫火伤、湿疹、皮炎、跌打损伤、蛇咬蝎螫
九节	草本	茜草科	*Psychotria rubra*	根、叶、枝	清热解毒、消肿拔毒、祛风除湿。主治扁桃体炎、白喉、疮疡肿毒、风湿疼痛、跌打损伤、感冒发热、咽喉肿痛、胃痛、痢疾、痔疮等
墨苜蓿	草本	茜草科	*Richardia scabra*	全株	发热、哮喘、痢疾
伞房花耳草	草本	茜草科	*Hedyotis corymbosa*	全株	清热解毒、主治疟疾、肠痈、肿毒、烫伤
败酱	草本	败酱科	*Patrinia scabiosaefolia*	全株、根茎、根	能清热解毒、消肿排脓、活血祛瘀。主治慢性阑尾炎
金钮扣	草本	菊科	*Acmella cilita*	全株	解毒、消炎、消肿、祛风除湿、止痛、止咳定喘。主治感冒、肺结核、百日咳、哮喘、毒蛇咬伤、疮痈肿毒、跌打损伤及风湿关节炎等症
藿香蓟	草本	菊科	*Ageratum conyzoides*	全株	清热解毒、祛风清热、止痛、消炎止血，排石。用于乳蛾、咽喉痛、泄泻、胃痛、崩漏、肾结石、湿疹、鹅口疮、痈疽肿毒、妇女非子宫性阴道出血、下肢溃疡、中耳炎、外伤出血
青蒿	草本	菊科	*Artemisia carvifolia*	全株	清透虚热、凉血除蒸、解暑、截疟。用于暑邪、阴虚发热，夜热早凉，骨蒸劳热，疟疾寒热，湿热
钻叶紫菀	草本	菊科	*Aster subulatus*	全株	清热解毒。主治痈肿、湿疹

续表

名称	生活型	科名	拉丁名	药用部位	药用作用
鬼针草	草本	菊科	*Bidens pilosa*	全株	清热解毒、散瘀活血。治上呼吸道感染、咽喉肿痛、急性阑尾炎、急性黄疸型肝炎、胃肠炎、风湿关节疼痛、疟疾，外用治疮疖、毒蛇咬伤、跌打肿痛
白花鬼针草	草本	菊科	*Bidens pilosa*	全株	清热解毒、利湿退黄。主治感冒发热、风湿痹痛、湿热黄疸、痈肿疮疖
鳢肠	草本	菊科	*Eclipta prostrata*	全株	草有凉血、止血、消肿、强壮、补肾、益阴之功效。主治吐血、咯血、衄血、尿血、便血、血痢、刀伤出血、须发早白、白喉、淋浊、带下、阴部湿痒
飞机草	草本	菊科	*Eupatorium odoratum*	全株	散瘀消肿、止血、杀虫。用于跌打肿痛、外伤出血、旱蚂蝗叮咬出血不止、疮疡肿毒
飞蓬	草本	菊科	*Erigeron acer*	全株	主治外感发热、泄泻、胃炎、皮疹、疥疮
咸虾花	草本	菊科	*Vernonia patula*	全株	清热利湿、散瘀消肿。用于感冒发热、头痛、乳痛、吐泻、痢疾、急性肠胃炎、疮疖、疹、跌打损伤
鼠麹草	草本	菊科	*Gnaphalium affine*	全株	止咳平喘、降血压、祛风湿。用于感冒咳嗽祛痰、支气管炎、哮喘、高血压、蚕豆病、风湿腰腿痛；外用治跌打损伤、毒蛇咬伤
戴星草	草本	菊科	*Sphaeranthus africanus*	全草	健胃、止痛、利尿。用于消化不良、胃痛、小便不利
豨莶	草本	菊科	*Siegesbeckia orientalis*	全株	有解毒、镇痛作用。治全身酸痛、四肢麻痹，并有平降血压作用
金腰箭	草本	菊科	*Synedrella nodiflora*	全株	清热透疹、解毒消肿。治感冒发热、斑疹、疮痈肿毒
夜香牛	草本	菊科	*Vernonia cinerea*	全株	有疏风散热、凉血解毒、安神镇静、消积化滞之功效。外用治痈疖肿毒、跌打扭伤、蛇咬伤
延叶珍珠菜	草本	报春花科	*Lysimachia decurrens*	全株	清热利湿、活血散瘀、解毒消痈。主治水肿、热淋、黄疸、痢疾、风湿热痹、带下、经闭、跌打、骨折、外伤出血、乳痛、疔疮、蛇咬伤
半边莲	草本	桔梗科	*Lobelia chinensis*	全株	有清热解毒、利尿消肿之效。治毒蛇咬伤、肝硬化腹水、晚期血吸虫病腹水、阑尾炎等
大尾摇	草本	紫草科	*Heliotropium indicum*	全株、根	清热解毒。用于肺炎、肺脓肿、脓胸、腹泻、痢疾、睾丸炎、白喉、口腔糜烂、痈疖
水茄	草本	茄科	*Solanum torvum*	根、叶	散瘀、通经、消肿、止痛、止咳。根：用于跌打瘀痛、腰肌劳损、胃痛、牙痛、闭经、久咳。鲜叶：捣烂外敷可治无名肿毒

续表

名称	生活型	科名	拉丁名	药用部位	药用作用
海南茄	草本	茄科	*Solanum procumbens*	根	凉血散瘀、消肿止痛。主治急性扁桃体炎、咽喉炎
土丁桂	草本	旋花科	*Evolvulus alsinoides*	全株	有散瘀止痛、清湿热之功能
篱栏网	草本	旋花科	*Merremia hederacea*	全株	清热解毒、利咽喉。用于感冒、急性扁桃体炎、咽喉炎、急性眼结膜炎
独脚金	草本	玄参科	*Striga asiatica*	全株	清热、消积。治小儿疳积、小儿夏季热、小儿腹泻、黄疸型肝炎
母草	草本	玄参科	*Lindernia crustacea*	全株	清热利湿、活血止痛。主治风热感冒、湿热泻痢、肾炎水肿、白带、月经不调、痈疖肿毒、毒蛇咬伤、跌打损伤
泥花草	草本	玄参科	*Lindernia antipoda*	全株	有清热解毒、利尿通淋、活血消肿等功效。主治肺热咳嗽、咽喉肿痛、泄泻、热淋、目赤肿痛、痈疽疔毒、跌打损伤、毒蛇咬伤等病症
中华石龙尾	草本	玄参科	*Limnophila chinensis*	全株	有清热利尿、凉血解毒的功能。用于水肿、结膜炎、风疹、天疱疮、毒蛇、蜈蚣咬伤
通泉草	草本	玄参科	*Mazus japonicus*	全株	止痛、健胃、解毒消肿，用于偏头痛、消化不良；外用治疗疮、脓疱疮、烫伤
挖耳草	草本	狸藻科	*Utricularia bifida*	全株	可清热、解毒、消肿。治咽喉肿痛、乳蛾、痄腮、风火牙痛、痈肿疮毒。还可解表退热、消炎解毒，治感冒、高热、胃肠炎、咽喉肿痛、痈毒疔疮、中耳炎
碗花草	草本	爵床科	*Thunbergia fragrans*	茎叶	健胃消食、解毒消肿。治消化不良、脘腹胀痛、腹泻、痈肿疮疖
水蓑衣	草本	爵床科	*Hygrophila salicifolia*	全株	清热解毒、化瘀止痛。用于咽喉炎、乳腺炎、吐血、衄血、百日咳；外用治骨折、跌打损伤、毒蛇咬伤
宽叶十万错	草本	爵床科	*Asystasia gangetica*	全株	续伤接骨、解毒止痛、凉血止血。主治跌扑骨折、瘀阻肿痛，为伤科要药，治痈肿疮毒及毒蛇咬伤
假马鞭	草本	马鞭草科	*Stachytarpheta jamaicensis*	全株	有清热解毒、利水通淋之效。可治尿路结石、尿路感染、风湿筋骨痛、喉炎、急性结膜炎、痈疖肿痛等症。兽药治牛猪疮疖肿毒、喘咳下痢
益母草	草本	唇形科	*Leonurus artemisia*	全株	活血、祛淤、调经、消水、治疗月经不调、胎漏难产、胞衣不下、产后血晕、瘀血腹痛、崩中漏下、尿血、泻血、痈肿疮疡
肾茶	草本	唇形科	*Clerodendranthus spicatus*	全株	清热去湿、排石利水。治急性肾炎、膀胱炎、尿路结石、风湿性关节炎

续表

名称	生活型	科名	拉丁名	药用部位	药用作用
水蜡烛	草本	唇形科	*Dysophylla yatabeana*	雄性花穗	凉血止血、活血消瘀通淋。治经闭腹痛、产后瘀阻、跌扑血闷、疮疖肿毒；炒黑止吐血、衄血、咯血、崩漏、泻血、尿血、血痢、带下、脘腹刺痛、跌打肿痛、血淋湿痛；外治重舌、口疮、聤耳流脓、耳中出血、阴下湿痒
水珍珠菜	草本	唇形科	*Pogostemon auricularius*	全株	清热化湿、消肿止痛。主治感冒发热，外用治湿疹，煎水治小儿惊风或用于洗伤口
龙舌草	草本	水鳖科	*Ottelia alismoides*	全株	止咳、化痰、清热、利尿。治哮喘、咳嗽、水肿、烫火伤、痈肿。用于肺热咳嗽、肺结核、咯血、哮喘、水肿、小便不利；外用治痈肿、烧烫伤
虾子草	草本	水鳖科	*Nechamandra alternifolia*	根、花	用于跌打损伤、疝气、风火牙痛及妇女干血痨
野慈姑	草本	泽泻科	*Sagittaria trifolia*	全株	解毒疗疮、清热利胆。治黄疸、瘰疬、蛇咬伤
饭包草	草本	鸭跖草科	*Commelina bengalensis*	全株	清热解毒、利湿消肿。主治小便短赤涩痛、赤痢、疔疮
竹节菜	草本	鸭跖草科	*Commelina diffusa*	全株	清热解毒、利尿消肿、止血。用于急性咽喉炎、痢疾、疮疖、小便不利；外用治外伤出血
鸭跖草	草本	鸭跖草科	*Commelina communis*	全株	清热、解毒、利尿、凉血。为消肿利尿、清热解毒之良药，主治水肿、脚气、小便不利、感冒、丹毒、腮腺炎、黄疸肝炎、热痢、疟疾、鼻衄、尿血、血崩、白带、咽喉肿痛、痈疽疔疮、麦粒肿、咽炎、扁桃腺炎、宫颈糜烂、腹蛇咬伤
牛轭草	草本	鸭跖草科	*Murdannia loriformis*	全株	清热止咳、解毒、利尿。主治小儿高热、肺热咳嗽、目赤肿痛、热痢、疮痈肿毒、热淋、小便不利
水竹叶	草本	鸭跖草科	*Murdannia triquetra*	全株	有清热、利尿、消肿、解毒的功效。治肺热喘咳、赤白下痢、小便不利、咽喉肿痛、痈疖疔肿
谷精草	草本	谷精草科	*Eriocaulon buergerianum*	全株	疏散风热、明目退翳。用于肝经风热、目赤肿痛、目生翳障、雀盲、齿痛、喉痹、鼻衄、风热头痛、夜盲症等
闭鞘姜	草本	姜科	*Costus speciosus*	根状茎	有消炎利尿、散瘀消肿、解毒止痒等功效。可治百日咳、尿路感染、小便不利、肾炎水肿等症状；外用可治疗疮疖肿毒、荨麻疹、中耳炎
草豆蔻	草本	姜科	*Alpinia katsumadai*	种子团	有祛寒燥湿、健脾消食、温胃止呕的作用。用于寒湿内阻、脘腹胀满冷痛、嗳气呕逆、不思饮食

续表

名称	生活型	科名	拉丁名	药用部位	药用作用
美人蕉	草本	美人蕉科	*Canna indica*	根茎、种子、花	根茎：清热利湿、安神降压、舒筋活络。治黄疸肝炎、风湿麻木、神经官能症。花：治金疮、外伤出血、跌打损伤、子宫下垂等。种子：产后虚弱
柊叶	草本	竹芋科	*Phrynium capitatum*	全株	全株：清热解毒、凉血止血、利尿，主治感冒发热、痢疾、吐血、衄血、血崩、口腔溃烂、音哑、小便不利。根茎：治肝肿大、痢疾、赤尿。叶：清热利尿、治音哑、喉痛、口腔溃疡、解酒毒等
紫背竹芋	草本	竹芋科	*Stromanthe sanguinea*	根茎	具有清肺热、利尿等作用
山菅	草本	百合科	*Dianella ensifolia*	根状茎、叶	叶可治蛇伤。根状茎：有拔毒消肿功效，可治腹痛；磨成粉状外敷可治脓肿、癣、淋巴结核疾病
凤眼莲	草本	雨久花科	*Eichhornia crassipes*	全株	有清凉、解暑、解毒、利尿、消肿、除湿、祛风热等功效。用于中暑烦渴、水肿、小便不利；外敷可治热疮
雨久花	草本	雨久花科	*Monochoria korsakowii*	全株	清热解毒、止咳平喘、祛湿消肿。用于高烧咳喘、小儿丹毒
鸭舌草	草本	雨久花科	*Monochoria vaginalis*	全株	具清热解毒、消痛止血之功效。可治疗肠炎、痢疾等症
菖蒲	草本	天南星科	*Acorus calamus*	茎、叶	治癫狂、惊痫、痰厥昏迷、痰热惊厥、胸腹胀闷、慢性支气管炎、风寒湿痹、噤口毒痢；外敷可治痈疽疔癣
海芋	草本	天南星科	*Alocasia macrorrhiza*	茎、根状茎	清热解毒、消肿散结、祛腐生肌。用于热病高烧、流感、肺痨、伤寒、风湿关节痛、鼻塞流涕；外用于疔疮肿毒、虫蛇咬伤
野芋	草本	天南星科	*Colocasia antiquorum*	根茎	具有清热解毒、散瘀消肿的功效。主治痈疮肿毒、乳痈、颈淋巴结炎、痔疮、疥癣、跌打损伤、虫蛇咬伤
尖尾芋	草本	天南星科	*Colocasia esculenta*	块茎、叶、叶柄、花	块茎：宽胃肠、破宿血、去死肌、调中补虚、行气消胀、壮筋骨、益气力。茎、叶：除烦止泻。主治胎动不安、蛇虫咬伤、痈肿毒痛、蜂螫、黄水疮等。花：治子宫脱垂、小儿脱肛、痔疮核脱出及吐血等
麒麟叶	草本	天南星科	*Epipremnum pinnatum*	茎叶或根	具有清热凉血、活血散瘀、解毒消肿之功效。常用于感冒发热、鼻衄、目赤肿痛、百日咳、跌打损伤、骨折、风湿痹痛、痰火瘰疬、痈疖、毒蛇咬伤
大薸	草本	天南星科	*Pistia stratiotes*	叶	具有祛风发汗、利尿解毒的功效。主治感冒、水肿、小便不利、风湿痛、皮肤瘙痒、荨麻疹、麻疹不透；外用治汗斑、湿疹

名称	生活型	科名	拉丁名	药用部位	药用作用
半夏	草本	天南星科	*Pinellia ternata*	块茎	燥湿化痰、降逆止呕、消痞散结；外用消肿止痛。主治湿痰、寒痰证、呕吐、心下痞、结胸、梅核气、瘿瘤、痰核、痈疽肿毒、毒蛇咬伤
浮萍	草本	浮萍科	*Lemna minor*	全株	发汗、利水、消肿毒。治风湿脚气、风疹热毒、衄血、水肿、小便不利、斑疹不透、感冒发热无汗
水烛	草本	香蒲科	*Typha angustifolia*	花粉	具有止血、化瘀、利尿的功效。主治吐血、衄血、咯血、崩漏、外伤出血、经闭痛经、胸腹刺痛、跌扑肿痛、血淋涩痛
文殊兰	草本	石蒜科	*Crinum asiaticum*	叶、鳞茎、果	具有行血散瘀、消肿止痛之功效。主治咽喉炎、跌打损伤、痈疖肿毒、蛇咬伤
仙茅	草本	石蒜科	*Curculigo orchioides*	根茎	具有温肾壮阳、祛寒除湿的功效。主治阳痿精寒、遗尿尿频、寒湿痹痛、筋骨痿软、腹痛冷泻等
露兜草	草本	露兜树科	*Pandanus austrosinensis*	果、根状茎	有清热解毒、利尿消肿功效。主治肾结石、尿路感染、肝炎、睾丸炎、肾炎水肿、感冒高热、咳嗽。还可治风湿痛、痢疾、胃痛等。果实可降血糖
羊耳蒜	草本	兰科	*Liparis japonica*	带根全株	具有活血止血、消肿止痛之功效。常用于崩漏、产后腹痛、白带过多、扁桃体炎、跌打损伤、烧伤
香附子	草本	莎草科	*Cyperus rotundus*	根茎	具有疏肝解郁、调经止痛、理气调中的功效。主治肝郁气滞胁痛、腹痛、月经不调、痛经、乳房胀痛、气滞腹痛
水蜈蚣	草本	莎草科	*Kyllinga brevifolia*	带根茎全株	具有疏风解表、清热利湿、活血解毒之功效。用于感冒发热头痛、急性支气管炎、百日咳、疟疾、黄疸、痢疾、乳糜烂、疮疡肿毒、皮肤瘙痒、毒蛇咬伤、风湿性关节炎、跌打损伤
水毛花	草本	莎草科	*Scirpus triangulatus*	根、全株	根：清热、利尿、治热症牙痛、淋症、白带等。全株：清热解表、润肺止咳。治外感恶寒、发热咳嗽
水莎	草本	莎草科	*Uncellus serotinus*	全株	止咳化痰。主治慢性支气管炎
荸荠	草本	莎草科	*Heleocharis dulcis*	球茎	具有清热解毒、凉血生津、利尿通便、化湿祛痰、消食除胀的功效。用于治疗黄疸、痢疾、小儿麻痹、便秘等疾病；对降低血压、防治癌症有一定效果
水蔗草	草本	禾本科	*Apluda mutica*	根、茎叶	具有祛腐解毒、壮阳之功效。用于下肢溃烂、蛇虫咬伤、阳痿
牛筋草	草本	禾本科	*Eleusine indica*	根、全株	具有清热利湿、凉血解毒之功效。常用于伤暑发热、小儿惊风、乙脑、流脑、黄疸、淋症、小便不利、痢疾、便血、疮疡肿痛、跌打损伤

名称	生活型	科名	拉丁名	药用部位	药用作用
白茅	草本	禾本科	*Imperata cylindrica*	根茎、花序	根茎：治吐血、衄血、尿血、小便不利、小便热淋、反胃、热淋涩痛、急性肾炎、水肿、湿热黄疸、胃热呕吐、肺热咳嗽、气喘。花序：治衄血、吐血、外伤出血、鼻塞、刀箭金疮、蒙药治尿闭、淋病、水肿、各种出血、中毒症、体虚
铺地黍	草本	禾本科	*Panicum repens*	根状茎	清热平肝、利湿解毒。主治高血压病、鼻窦炎、鼻出血、湿热带下、尿路感染、肋间神经痛、黄疸型肝炎、骨鲠喉
狼尾草	草本	禾本科	*Pennisetum alopecuroides*	全株、根	全株：明目、散血，治目赤肿痛 根：清肺止咳、解毒，用于肺热咳嗽、咯血、疮毒
红毛草	草本	禾本科	*Rhynchelytrum repens*	全株	清肺热、消肿毒。治肺热咳嗽吐血、乳痈、肿毒

附录 3　羊山湿地用材植物资源

名称	生活型	科名	拉丁名	用材部位	用材作用
假柿木姜子	乔木	樟科	*Litsea monopetala*	树干、树皮	适作家具用材，可提取黏胶
潺槁木姜子	乔木	樟科	*Litsea glutinosa*	树干	适作家具用材
猫尾木	乔木	紫葳科	*Dolichandrone caudafelina*	树干	可供建筑、雕刻、家具、桥梁、农具等
海南菜豆树	乔木	紫葳科	*Radermachera hainanensis*	树干	可作为家具和美工材等
红花天料木	乔木	天料木科	*Homalium hainanense*	树干	用于建筑、桥梁、家具、造船、车辆、水工及细木工等
海南蒲桃	乔木	桃金娘科	*Syzygium hainanense*	树干	可用于造船、建筑、家具等
玉蕊	乔木	玉蕊科	*Barringtonia racemosa*	树皮、树干	可作绳索、供建筑等
竹节树	乔木	红树科	*Carallia brachiata*	树干	作乐器、饰木、门窗、器具等
海棠木	乔木	藤黄科	*Calophyllum inophyllum*	树干、树皮	可提制栲胶，造船、桥梁、枕木、农具及家具
黄牛木	乔木	藤黄科	*Cratoxylumcochinchinense*	树干	材质坚硬、纹理精致，可供雕刻用等
鹧鸪麻	乔木	梧桐科	*Kleinhovia hospita*	树干、树皮	可编绳和织麻袋，可制家具和网罟的浮子等
黄槿	乔木	锦葵科	*Hibiscustiliaceus*	树皮、树干	供制绳索，适于建筑、造船及家具等
秋枫	乔木	大戟科	*Bischofia javanica*	树干、树皮	可提取染料，用于建筑、桥梁、车辆、造船、矿柱、枕木等
木麻黄	乔木	木麻黄科	*Casuarina equisetifolia*	树干、树皮	用作船底板，优良薪炭材，栲胶工业原料
波罗蜜	乔木	桑科	*Artocarpus heterophyllus*	树干	可提取染料，可作家具、室内建筑、旋制品和乐器等
桑	乔木	桑科	*Morus alba*	树干、树枝	可制器具、编箩筐，用作造纸原料等
大叶山楝	乔木	楝科	*Aphanamixis grandifolia*	树干	作建筑、造船、茶箱和舟车等
苦楝	乔木	楝科	*Melia azedarach*	树干	用于家具、建筑、农具、舟车、乐器等
麻楝	乔木	楝科	*Chukrasia tabularis*	树干	用于建筑、造船、家具等
山楝	乔木	楝科	*Aphanamixis polystachya*	树干	可作建筑、造船、茶箱和舟车等
山椤	乔木	楝科	*Aglaia roxburghiana*	树干	可作车辆、船板、农具、建筑、家具等
厚皮树	乔木	漆树科	*Lannea coromandelica*	树皮、树干	可提制栲胶、织粗布，可作家具和箱板、棺材等

续表

名称	生活型	科名	拉丁名	用材部位	用材作用
漆树	乔木	漆树科	*Toxicodendron vernicifluum*	树干	可用于涂漆、建筑物、家具、电线、广播器材等
桉树	乔木	桃金娘科	*Eucalyptus robusta*	树干	可用于制造牛皮纸和打印纸、建筑、枕木、农具、电杆、围栏及木材等
滨木患	灌木	无患子科	*Arytera littoralis*	树干	可制农具
鹊肾树	灌木	桑科	*Streblus asper*	树干、树皮	用于织麻袋、人造棉和造纸原料，作梁、柱、家具、农具、把柄及室内装饰和板材等
水黄皮	灌木	豆科	*Pongamia pinnata*	树干	制作各种器具、家具用材
马甲子	灌木	鼠李科	*Paliurus ramosissimus*	树干	可作农具柄、绿篱
酒饼簕	灌木	芸香科	*Atalantia buxifolia*	树干	细工雕刻材料
狗骨柴	灌木	茜草科	*Diplospora dubia*	树干	可作为器具及雕刻细工等
山石榴	灌木	茜草科	*Catunare gamspinosa*	树干	可作为农具、手杖及雕刻等
刺篱木	灌木	大风子科	*Flacourtia indica*	树干	适用于车镟、雕刻、工艺品、工农具柄、家具、地板等
细基丸	灌木	番荔枝科	*Polyalthia cerasoides*	树干、树皮	可作建筑用材和农具、可制麻绳和麻袋等
山牡荆	灌木	马鞭草科	*Vitexquinata*	树干	适于作桁、桶、门、窗、天花板、文具、胶合板等
小簕竹	草本	禾本科	*Bambusa flexuosa*	树干	棚架等

附录4 羊山湿地果树植物资源

名称	生活型	科名	拉丁名	食用用途
番木瓜	乔木	番木瓜科	*Carica papaya*	可直接鲜食，还可加工成果汁、果酱、蜜饯、腌渍
黑嘴蒲桃	乔木	桃金娘科	*Syzygium bullockii*	果实可食用，具有一定的营养价值。果实除鲜食外，还可与其他原料制成果膏、蜜饯或果酱。果汁经过发酵后，还可酿制高级饮料
洋蒲桃（莲雾）	乔木	桃金娘科	*Syzygium samarangense*	果实被誉为"水果皇帝"，可食用
蒲桃	乔木	桃金娘科	*Syzygium jambos*	湿润热带地区良好的果树，果实可以食用。还可与其他原料制成果膏、蜜饯或果酱。果汁经过发酵后，还可酿制高级饮料
酸豆	乔木	豆科	*Tamarindus indica*	果肉除直接生食外，还可加工生产营养丰富、风味特殊、酸甜可口的高级饮料和食品，如果汁、果冻、果糖、果酱和浓缩汁、果粉、果脯等。浓缩汁用于配制生产果汁等，果粉供生产多糖食品
波罗蜜	乔木	桑科	*Artocarpus heterophyllus*	果肉鲜食或加工成罐头、果脯、果汁
桑	乔木	桑科	*Morus alba*	桑椹可供食用、酿酒，称桑子酒
龙眼	乔木	无患子科	*Dimocarpus longan*	果实可剥壳食用、可酿酒；龙眼晒干制成桂圆，味道更为甜腻，可煲汤、制甜品等
荔枝	乔木	无患子科	*Litchi chinensis*	荔枝号称"南国四大果品"之一，可去皮食用
土坛树	乔木	八角枫科	*Alangium salviifolium*	果实味道甜美，可直接食用
刺葵	乔木	棕榈科	*Phoenix hanceana*	刺葵果可食，嫩芽可作蔬菜
椰子树	乔木	棕榈科	*Cocos nucifera*	椰子是一种在热带地区很普遍的果实。椰子水能做饮料。果肉为白色，可食也可榨油，营养丰富
刺篱木	灌木	大风子科	*Flacourtia indica*	果实味甜肉质，可以生食、制作蜜饯及酿造果酒
量天尺	灌木	仙人掌科	*Hylocereus undatus*	浆果可食，果皮为红色、肉白色或红色，商品名为"火龙果"
桃金娘	灌木	桃金娘科	*Rhodomyrtus tomentosa*	桃金娘果可直接食用；果还是一种优质的果酒资源，可制成果酒；果的医疗保健价值很高，还可制成保健饮料
灯笼果	藤本	茄科	*Physali speruviana*	果实供食用，是营养较丰富的水果蔬菜。可生食、糖渍、醋渍或作果浆。果实香味浓郁，味鲜美
荸荠	草本	莎草科	*Heleocharis dulcis*	皮色紫黑，肉质洁白，味甜多汁，清脆可口，既可做水果生吃，又可做蔬菜食用。供生食、熟食或提取淀粉
龙珠果	草本	西番莲科	*Passiflora foetida*	果味甜可直接食用

附录 5 羊山湿地部分景观资源植物图鉴（以表达景观特色为主）

图 1 玉蕊　　　　　图 2 滑桃树　　　　　图 3 白楸

图 4 簕欓花椒　　　　图 5 荔枝　　　　　图 6 五月茶

图 7 猫尾木　　　　图 8 土坛树　　　　　图 9 鱼木

图 10 潺槁木姜子　　　图 11 酸豆　　　　　图 12 倒吊笔

图 13　紫玉盘　　　　　　　图 14　光荚含羞草　　　　　　图 15　野牡丹

图 16　假杜鹃　　　　　　　图 17　玉叶金花　　　　　　　图 18　桢桐

图 19　马缨丹　　　　　　　图 20　桃金娘　　　　　　　　图 21　风箱树

图 22　龙眼睛　　　　　　　图 23　量天尺　　　　　　　　图 24　露兜树

图 25　红瓜　　　　　　　　图 26　蔓陀罗　　　　　　　图 27　忍冬

图 28　蛇葡萄　　　　　　　图 29　掌叶鱼黄草　　　　　图 30　使君子

图 31　肾蕨　　　　　　　　图 32　毛蕨　　　　　　　　图 33　鸟巢蕨

图 34　半边旗　　　　　　　图 35　伏石蕨　　　　　　　图 36　邢氏水蕨

图 37　斑茅　　　　　　　图 38　花叶芦竹　　　　　　图 39　卡开芦

图 40　狼尾草　　　　　　图 41　风车草　　　　　　　图 42　水茄

图 43　狭叶香蒲　　　　　图 44　火炭母　　　　　　　图 45　野芋

图 46　紫芋　　　　　　　图 47　假蒟　　　　　　　　图 48　四叶草

图 49　猩猩草　　　　　图 50　草豆蔻　　　　　图 51　含羞草

图 52　假马鞭　　　　　图 53　决明　　　　　图 54　雾水葛

图 55　圆叶节节草　　　图 56　杠板归　　　　图 57　光蓼

图 58　落地生根　　　　图 59　毛草龙　　　　图 60　田菁

图61　高葶雨久花　　　　　图62　田基麻　　　　　　　图63　水角

图64　猪笼草　　　　　　　图65　黄花蔺　　　　　　　图66　红花酢浆草

图67　黄花美冠兰　　　　　图68　凤眼莲　　　　　　　图69　狐尾藻

图70　水龙　　　　　　　　图71　金银莲花　　　　　　图72　水菜花

注：图11、图67为网上下载；图64为袁浪兴拍摄，图71金银为卢刚拍摄，其余都为作者拍摄。

参考文献 📖

[1]樊欣.海口羊山地区古村落初探[D].南京：南京工业大学，2010.

[2]方赞山，袁浪兴，卢刚.羊山湿地植物图鉴[M].海口：南海出版社，2018.

[3]王盈.海南传统火山村落的保护与利用——以海口博学村为例[J].南方建筑，2014（5）：77-81.

[4]申益春，卢刚，刘寿柏，等.海口羊山火山熔岩湿地中的植物分布特征[J].湿地科学，2019，17（5）：493-503.

[5]李轩.地球进化史[M].北京：中国广播电视出版社，2011.

[6]王景飞，吕德任，黄赛，等.海南省濒危水生植物水角的资源现状及调查分析[J].中国园艺文摘，2017（12）：73-75，97.

[7]张华，袁兴中，贾恩睿，等.海口羊山湿地区的多用途管理区规划[J].湿地科学，2020，18（2）：166-172.

[8]孙广友.中国湿地科学的进展与展望[J].地球科学进展，2000，15（6）：666-672.

[9]CROCKER R L，MAJOR J. Soil development in relation to vegetation and surface age at Glacier Bay，Alaska [J].Ecology，1955，43：427- 448.

[10]NARAK，NAKAYA H，HOGETSU T. Ectomycorrhizal sporocarp succession and production during early primary succession on Mount Fuji [J].New Phytologist，2003，158：193-206.

[11]NARAK，NAKAYA H，WU BY，et al. Underground prmiary succession of ectomycorrhizal fiingi in a volcanic desert on Mount Fuji [J]. New Phytologist，2003，159：743-756.

[12]黄庆阳，曹宏杰，谢立红，等.五大连池不同年代火山熔岩流遗迹的物种组成及多样性分析[J].国土与自然资源研究，2017，49（12）：68-71.

[13]冯超.黑龙江五大连池火山苔藓植物多样性及分类学研究[D].呼和浩特：内蒙古大学，2013.

[14]赵红艳.中国湿地维管束植物种类及其区系特征研究[D].桂林：广西师范大学，2017.

[15]寇瑾.五大连池新期火山苔藓植物物种多样性研究[D].呼和浩特：内蒙古大学，2013.

[16]张乐.五大连池火山苔藓植物生境多样性和优势物种繁殖特性初步研究[D].呼和浩特：内蒙古大学，2014.

[17]于爽，曲秀春，尹航.黑龙江镜泊湖熔岩台地种子植物多样性[J].西北植物学报，2010，30（02）：385-390.

[18]谢立红，黄庆阳，曹宏杰，等.五大连池新期火山熔岩台地维管束植物物种多样性[J].西北植物学报，2017，37（04）：790-796.

[19]袁浪兴，史佑海，成夏岚，等.海口马鞍岭火山口地区的维管植物多样性[J].生物多样性，2017，25（10）：1075-1084.

[20]尹菡怿，申益春，琚青青，等.海口羊山湿地野生维管束植物资源的调查[J].热带生物学报，2019，10（2）：165-171.

[21]MARGALEF R. Information theory in ecology [J]. General Systematics. 1958，3：36-71.

[22]SHANNON C E. A mathematical theory of communication[J]. The Bell System Technical Journal，1948，27（3）：379-423.

[23]PIELOU E C. The measurement of diversity in different types of biological collections[J]. Journal of Theoretical Biology，1966，13：131-144.

[24]申益春，杨泽秀，方赞山，等.海南琼中湿地植物资源与植被类型[J].分子植物育种，2019，17（2）：673-682.

[25]吴征镒.世界种子植物科的分布区类型系统的修订[J].云南植物研究，2003，25（5）：535-538.

[26]秦新生，张荣京，邢福武.海南石灰岩地区的种子植物区系[J].华南农业大学学报，2014，35（3）：90-99.

[27]林泽钦，杨小波，陈玉凯，等.海南本地野生维管植物区系研究[J].热带作物学报，2016，37（2）：351-358.

[28]吴征镒.中国种子植物属的分布区类型[J].云南植物研究，1991（增刊IV）：1-13.

[29]陆树刚.中国蕨类植物区系概论[C]//李承森.植物科学进展（第6卷）.北京：

高等教育出版社，2004：29-42.

[30]吴征镒 . 中国植被 [M]. 北京：科学出版社，1980.

[31]中国植被编辑委员会 . 中国植被 [M]. 北京：科技出版社，1980.

[32]郎惠卿，赵魁义，陈克林 . 中国湿地植被 [M]. 北京：科学出版社，1999.

[33]朱太平，刘亮，朱明 . 中国资源植物 [M]. 北京：科学出版社，2007.

[34]代正福，彭明，戴好富 . 海南中药资源图集（第一集）[M]. 昆明：云南科技出版
　　 社，2010.

[35]代正福，彭明，戴好富 . 海南中药资源图集（第二集）[M]. 昆明：云南科技出版
　　 社，2012.

[36]广东省植物研究所 . 海南植物志（第四卷）[M]. 北京：科学出版社，1977.

[37]杨小波，等 . 海南植物图志 [M]. 北京：科学出版社，2015.

[38]邢福武，周劲松，王发国，等 . 海南植物物种多样性编目 [M]. 武汉：华中科技大
　　 学出版社，2012.

[39]侯则红，余雪标，陈展川 . 海南野生观赏植物资源及其在园林中的应用 [J]. 安徽
　　 农业科学，2009，37（10）：4448-4450，4473.

[40]宋佳昱 . 海南琼海白石岭自然植物群落及野生观赏植物资源调查应用研究 [D]. 海
　　 口：海南大学，2019.

[41]马金双 . 中国入侵植物名录 [M]. 北京：高等教育出版社，2013.

[42]蒋有绪 . 海南岛植物区系与热带植被性质的背景分析 [J]. 海南大学学报（自然科
　　 学版），1988，6（3）：1-8.

[43]黄瑾，杨小波 . 琼东北农村地区森林植物区系研究 [J]. 热带作物学报，2012，33
　　 （11）：2098-2103.

[44]李晓鹏，齐石茗月，范舒欣，等 . 郊野公园近自然植物景观与群落生态设计研
　　 究——以北京南海子公园为例 [A]. 中国园艺学会观赏园艺专业委员会，国家花卉
　　 工程技术研究中心 . 中国观赏园艺研究进展 2016[C]. 中国园艺学会观赏园艺专业
　　 委员会，国家花卉工程技术研究中心 : 中国园艺学会，2016:6.

[45] ÖZGÜNER H，KENDLE A D.Public attitudes towards naturalistic versus
　　 designed landscape in the city of Sheffield[J]. Landscape and Urban Planning，
　　 2006，74：139-157.

[46]赵慧楠，蔡建国，赵垚斌 . 城市公园植物群落特征及多样性和美景度影响机制研

究——以杭州西湖周边 4 个公园为例 [J]. 中国城市林业，2019，17（5）：43-47.

[47] 程朝霞，李光耀，韩瑞婷 . 基于 AHP 模型的运城盐湖湿地及周边景观综合评价 [J]. 天津农业科学，2019，25（8）：69-72.

[48] 邹薇，胡希军，成璐洁，等 . 上杭县城区道路绿地植物景观评价 [J]. 西北林学院学报，2020，35（4）：265-272.

[49] 康秀琴 . 基于 AHP 法的桂林市 8 个公园绿地植物景观评价 [J]. 西北林学院学报，2018，33（6）：273-278.

[50] 雷金睿，辛欣，宋希强，等 . 基于 AHP 的海口市公园绿地植物群落景观评价与结构分析 [J]. 西北林学院学报，2016，31（3）：262-268.

后记

　　羊山湿地作为海口湿地重要的组成部分，其火山熔岩湿地独特的美深深地吸引着我们，但在享受其馈赠的同时也一直想尽自己绵薄之力为她做点什么。有幸的是在2017年申请到了海南省自然科学基金《海口羊山湿地植物资源挖掘及典型群落景观结构分析》（318MS010）并获得资助，才让自己有机会从专业的角度再次审视她的神秘。羊山地区不少湿地位于人烟稀少之处，因而这些湿地受到的干扰较小，湿地植被保存更为完好，湿地植物资源更为丰富，是此次研究的主要对象，但它们常不易到达且较隐蔽，这为湿地植物的调查带来了不小难度。多亏各方热心人士的指引与帮助才使得课题与本书得以顺利完成。

　　感谢海南大学林学院院长宋希强教授对本书结构提出的建设性建议；感谢畓褣湿地研究所卢刚所长与袁浪兴主任对调查点的指引；感谢同事刘寿柏博士的参与及对植物认知的指导；感谢海南省林业科学研究院雷金睿对调研地的指引；感谢林业厅方赞山提供部分资料；感谢研究生王銮凤与梁惠婷辛勤绘制插图；感谢同事黎伟博士、学生董书鹏、陈旭、安冉、李雨朦、张卫东等对调研的支持；感谢东寨港红树林国家级自然保护区冯尔辉对部分照片的提供。总之，感谢对调研及本书撰写过程中提供帮助的所有朋友们。

　　书中部分植物主要生物学特征参照百度百科，文中未一一列举，在此表示感谢！另外，所有图片来源除特殊说明外，皆为申益春拍摄。

　　本书第7章内容已形成论文《羊山湿地景观植物群落与景观应用模式研究》，作者为申益春、任明迅、黎伟、雷金睿等。该论文已被《江苏农业科学》接收，将于2021年见刊，特此说明。

　　最后，再次感谢海南省自然科学基金对课题开展及著作出版提供的资助！

作　者
2020 年 10 月